不负此生不负爱

心理咨询师手记

To live, To love

唐 婧 著

团结出版社

图书在版编目（ＣＩＰ）数据

不负此生不负爱 ：心理咨询师手记 / 唐婧著. --
北京 ：团结出版社，2020.8（2022.1 重印）
ISBN 978-7-5126-7648-0

Ⅰ．①不… Ⅱ．①唐… Ⅲ．①心理咨询 Ⅳ.
① B849.1

中国版本图书馆 CIP 数据核字(2019)第 285666 号

出　版：团结出版社
　　　　（北京市东城区东皇城根南街 84 号　邮编：100006）
电　话：(010) 65228880　65244790　（出版社）
　　　　(010) 65238766　85113874　65133603（发行部）
　　　　(010) 65133603（邮购）
网　址：http://www.tjpress.com
E-mail：zb65244790@vip.163.com
　　　　tjcbsfxb@163.com（发行部邮购）
经　销：全国新华书店
印　装：三河市东方印刷有限公司

开　本：147mm×210mm　　　　32 开
印　张：9.125
字　数：142 千字
版　次：2020 年 8 月　第 1 版
印　次：2022 年 1 月　第 2 次印刷

书　号：978-7-5126-7648-0
定　价：36.00 元

我通过我的灵魂与肉体得知，

我之堕落乃必需。

我必然经历贪欲，

我必然去追逐财富，

体验恶心，陷于绝望的深渊。

由此学会抵御它们：

学会热爱这个世界，

不再以某种欲愿与臆想出来的世界、

某种虚伪的完善的幻想来与之比拟。

学会接受这个世界的本来面目：

热爱它，以归属于它而心存欣喜。

——德国作家 赫尔曼黑塞《悉达多》

不负此生不负爱

亲爱的你：

见字如面。

我是一名执业心理咨询师，也是一位催眠治疗师。

我们或许素未谋面，又或许相识已久。此刻，在这里，我有些许话想要告诉你。

这是我与心理学结缘的第 19 个年头。从 17 岁开始学习它至今，我已倾听过将近 3000 人的心声。所以，我把自己叫作"听心者"。本书写的便是一个"听心者"的故事。它起笔于 2014 年冬，收笔于 2019 年 4 月。历时 5 年，这是我写过的时间最长的一部作品。

也许，初次打开，你会以为，它是专门写催眠的。是的，它的确是。在我的心理治疗中，催眠是一项常用的技术。也许，你会以为它很神奇，类似于神仙魔法，灵丹妙药。然而，诚实地说，它并不是。催眠，它只是众多心理治疗技术中的一支，和其他疗法一样，有着自己的长处亦有局限。我喜欢它，因为它恰是趁我手的这把兵器，而非它是盖世神兵。

在心理咨询中，真正"制敌"，起到治愈作用的，还是咨询师与来访者之间"爱与陪伴"的咨访关系。我曾看过一句话："在心理咨询的武林里，初级的武者用'技术'，进阶的武者用'态度'，高级的武者用'人格'，不世的武者用'生命'。"我喜欢这句话，并随着年岁的增长，越发喜欢。

所以，你会渐渐发现，在本书里，我想跟你聊的，其实不仅是催眠，而是这些故事本身。因为，它们的主人有着真实、平凡的生命。他们和你生活在同一个城市。每一天你都会和他们说话。你问他们，"还好吗？"。他们会微笑，说，"都好。你呢？"

　　或许看完这些故事，你会认出他们，他们是你身边的某某，又或许，正是你自己。

　　你知道，没有谁的生活可以真正"岁月静好"。每一天，和我们擦身而过的每个人，淡漠的表情下，是一段又一段的往事，以及为了穿越它们，而留下的痕迹。或许是伤疤，或许是勋章。

　　人生何其短暂，而童年却漫长。我们终其一生跋涉漫漫长路、穿越惊涛骇浪，追寻的无非是一份归返。归返于童年的真挚、爱、被接纳与安全感。

　　在这些故事里，你会看到他们、亦是你自己的归返。穿越阵痛与挣扎，仿佛传说中的凤凰，历经锻体之痛、浴火重生，那样光彩熠熠，绽放出震慑生命的璀璨与光华。

　　这是一段属于你自己的旅程。他们是这一路上你的旅伴。当你读完他们的故事，会发现自己其实从未孤单过，每一段人生的低谷与巅峰，都有人与你遥相对望、比肩同行。他们的穿越，亦是你的抵达。

曾有一位来访者对我说："你的咨询像一把温柔的手术刀，划过心脏和回忆，切除瘀伤，让往事得以痊愈。"他叫我"温柔一刀"。我说："我并没有切除什么。那些发生在你生命中的事，无可改变。我们唯一可以做的，是改变那些事对于我们的重量。让我们的余生，不再为它们所负累和影响。"

所以，我不是"手术刀"。我更愿做一双温柔的手，陪伴你，在漫长的岁月里，抚平创伤。

世界的模样，取决于你心底的光。

当我看着你，就好像看到了浩瀚的星空、无边无际的大海、人潮涌动的都市、暴风雨中的灯塔，看到了春日里漫山的樱花、月色下的清酒与琴声、时光里奔跑的少年和银发的老者、夏日暴雨后满地的落叶和草木的清香。

我知道，那些，是回忆的模样，是整个人间的模样，是你的模样。

　　谢谢你，用生命和往事点亮我的眼睛。我能为你做的，大概是把这些故事写下来，让更多人去看、去观想，让更多人的孤独得以陪伴、伤痕得以抚慰、命运得以轮转。

　　我想，这便是我们对彼此的托付与交代。

　　余生且长，愿我们，不负此生不负爱。

唐婧

2019 年 5 月于北京

我在世界的心脏，倾听你

目　录

Part1

走出童年的阴影：

这是一段旅途，亦是一场归返

案例故事1　世间最深情，唯爱与原谅

[题记]

她说，叫 Vincent 这个名字的人，注定不平凡。上帝会给他多一些考验，好让他更强大更有力量。曾经有一个 Vincent（梵高），他经受不住考验，在奥维尔的麦田里自杀了。若他能熬得过那一刻，就能看见自己的作品成为全世界的骄傲。

Vincent 说，我不会像他，因为，我妈妈在等着我回家。

第一次会面

见到 Vincent 的名字先于他的人。

温煦，让人想起初秋温暖的阳光。

"这个名字很美。"我说。

电话那端的女孩笑了，"等你见到 Vincent 就知道了。什么叫命运的宠儿？就是上天把所有最好的都给了他一个人。"

我笑，有些无奈。

这个自称是他助理的女孩已经第三次打电话过来，跟我确认：空调开到 23 度，咖啡要星巴克的超大杯焦糖玛奇朵，巴黎气泡水提前冰好，旁边再配一个干净的玻璃杯。

他是不是命运的宠儿我不知道，但无疑是这个女孩的宠儿。

还好，我见到他的时候并没有失望。眼前这个男人，大抵是担得起那女孩一番殷勤的。

案主：温煦，也叫 Vincent。男，37 岁，法国籍华人，外资银行高管。已婚，无子。因焦虑、抑郁和失眠前来咨询。

23 度的空气里，弥漫着咖啡的香味。

我围上一块大披肩，仍觉得阵阵凉意。但 Vincent 大概不会这样认为，他的衬衫领带西服外套，在夏日的空调房定是舒适无比的。

Vincent 在我对面坐下来，撕开咖啡杯上的封口胶条，喝了一口。

他说："Isabelle，抱歉之前反复改约。我一直想来，却直到今天才得以抽身。谢谢你的体谅和时间。"

他的笑容温和，标准得像一个品牌 logo。

我问他："Vincent，是什么把你带到这来？"

他低头，拧开手边的巴黎气泡水，瓶中压抑的气体挣脱而出，发出"扑哧"的声音。

"我有些好奇，其他人来你这都聊些什么？"Vincent 一边把气泡水倒进杯子里，一边不经意地问，并没有抬头看我。

"这个么……聊什么的都有。有聊结婚的，有聊离婚的，有聊孩子的，有聊父母的，有聊工作的，有聊疾病的……"

"那像我这样的人多吗？"Vincent 打断我，"像我这样，每天夜里睡得像午觉，两小时醒一次。白天把咖啡当水喝，晚上把酒当水喝。工作的时候在做梦，做梦的时候在工作。想哭的时候在笑，想笑的时候又笑不出来。"

Vincent 抬起头来看我，他 logo 般的笑容褪去，只剩一脸青白的面色和眼眶下深深的阴影。

"能告诉我发生了什么事吗？"我轻声问。

他沉默。半晌敷衍道:"还好,可能是工作压力太大。你知道的,欧洲经济形势不太好,总部那帮人就拼命给我们整事儿,指着大中华区多出点钱。噢,对了,Isabelle,听助理说你的催眠疗法对失眠很有帮助,能给我试试吗?"

我说:"好啊。如果是原发性的失眠,也就是没什么心事,单纯睡不着而已,那催眠疗法相当有效。但如果是心因性的失眠,因为心里有事而睡不着,可能还需要配合心理咨询才能达到效果。所以,你是哪一种呢?"

Vincent 想了想:"大概两种都有。"

我看了一眼他手边硕大的咖啡杯:"不,你是后一种。原发性失眠的人,不会喝这个。"

Vincent 笑笑,没有否认。显然,他也不再想多说什么。

我带他来到里间,坐在催眠躺椅上,打开音乐。在香熏里放了几滴薰衣草精油,帮助他舒缓下来。

我跟他解释什么是催眠,以及催眠的工作原理。他却自顾闭着眼睛,也不知有没有在听。

我说:"Vincent,今天的催眠只是一次放松体验,要想真正解决你的失眠,我需要更多信息才可以。"

他仍闭着眼，点了点头，不再说话。

我开始给他催眠引导。

"请发挥你最大的想象力，在脑海中去看到这样一幅美丽的画面：那是一片翠绿的山林，非常幽静，清晨的阳光从树叶的缝隙中倾泻下来，在地上投下斑驳的光影。你就走在林间的小路上，脚下踩着厚厚的落叶，松软而舒适。路的两边开满了各式各样的野花，有的开得星星点点，有的开得大朵大朵的，当你看到它们，整个人都完完全全的放松了……"

这是催眠中最稀松平常的引导，用清新的自然环境，帮助来访者进入放松与宁静的氛围。

然而，Vincent 的眼泪却滑落下来。猝不及防。

我有些意外，这个反应出乎意料。

稍后，他的眼泪越来越多，越发汹涌。我停止了引导，拿过纸巾放进他手里。

他坐起身，把脸深深埋进掌心，哭泣声从指缝渐渐溢出，从压抑的呜咽，到崩溃的痛哭。之前的防御和理智全线溃败，这一刻的 Vincent，像一个伤心至极的孩子，无法停止。

整整一个半小时，90 分钟。他不断地哭，直到呼吸都开始局促，像一条快要干死的鱼，用尽力气挣扎，却始终无法回到水里。

我坐在他身边，丧失了所有语言。

我早该知道，命运里是没有宠儿的，它何曾放过任何人？

忽然，Vincent 的手机响了起来。

"Sorry Isabelle，emergency。"哭泣戛然而止。Vincent 从催眠椅上站起来，接起电话，快步走了出去。

是助理打来的，告诉他一个重要会议提前了，需要立刻赶回去。

挂断电话，Vincent 走进洗手间，整理了很久。再出来时，已不见刚才的情绪。虽然眼睛还有些肿，但并不妨碍他扯出那个 logo 式的笑容。

他说："谢谢你 Isabelle，我觉得好多了。下次时间再约，费用助理稍后转给你。谢谢你的时间和陪伴。"

他抓起桌上的超大杯咖啡，快步离开。

看背影，依旧是那个命运的宠儿。

第二次会面

再见到 Vincent 是三天以后。

周六下午，3 点半，离约定的时间晚了半个小时。

Vincent 说："实在抱歉，昨晚喝多了，夜里反反复复睡了又醒。快天亮时睡过去，再醒来已是下午 2 点。"

他穿着简单的棉质 T 恤，头发凌乱，脸上有隐约的胡子茬，没有笑容。

他说，Isabelle，我做了个噩梦。

"梦里，好像是去出差，飞机的头等舱。突然发现旁边的座位上有三个女式手包，我打开一看，其中一个装着护照和现金，另两个装着一些硬币和化妆品。我鬼使神差地想要这几个包。于是，趁周围没人，我把它们藏进了行李箱。之后，一直心慌得厉害，害怕被人发现。

下飞机时，一位年长的男空乘站在门口，一直盯着我看。他看上去很威严，一头银发，眼神犀利，就好像能看穿我的想法。

我很忐忑，心下犹豫，如果把包里的护照和现金还回去，他会不会放过我？但心里另一个声音马上说，没用的，他已经知道了，你就要身败名裂了，你是一个可耻的小偷。"

醒来的时候，惊出一身冷汗。

Vincent 说："Isabelle，你说，我为什么会梦到那样的事？从小到大，我从没有偷过东西，这实在不像我。"

我略微沉思，这个梦好像有着很深的隐意。

我说："Vincent，我不太确定为什么你会梦到这些，但我猜这个梦是有意义的。有一个心理学家叫弗洛伊德，他说，梦是'潜意识'的信使。在我们的内心深处，有一个很隐秘的部分，我们感觉不到它的存在，而它却无时无刻不在影响着我们，这个部分就叫'潜意识'。弗洛伊德认为，'潜意识'承载了我们内心深处真实和原始的渴望。这些渴望常常与社会道德相冲突，无法被现实接纳，所以会被'意识'压抑和否认掉。于是在梦里，它们趁'意识'休息的时候，跑出来透透气。"

"所以，你是说，我的潜意识里希望自己做个小偷？"Vincent 不解。

"不，不是，"我解释道，"我是说，这个梦里可能有你潜意识深处隐藏的愿望。弗洛伊德认为，梦是愿望的满足。"

"隐藏的愿望？比如呢？"Vincent 说，"我知道你说的弗洛伊德，他写了一本书叫《梦的解析》。如果按他的说法，我这个梦该怎么解？"

"按弗洛伊德的解法……"我有些犹豫，不知他对精神分析的"泛性论"能否接受，但我还是想试试。"弗洛伊德在《梦的解析》里提到，类似圆形或中空的容器，代表着女性的子宫。你梦里的三个女式手包，会不会代表着三位女性？你都想要，又想把她们藏起来，害怕被人发现，会不会代表现实中你们的关系？其中一个包里有护照和现金，难道说，其中一位女性的身份引人注目或者富有？另两个包里有硬币和化妆品，那是不是说，另两个女性经济上不太富裕，但是漂亮或者很有魅力？还有最后，你被一位年长的男性空乘发现……这位年长的男性……他会不会代表着你意识层面中'道德感'的那个部分，他在监督和审查你，让你受到道德的谴责……"

"不，"Vincent 抬起头看着我，眼神警醒，好像透过我，看到了另一个人，"他不是什么'道德感'，他是我的岳父。"

Vincent 声音冰冷，像一股压抑的血液，缓缓流过心脏。

"他才不会给我什么道德谴责。他会直接让我身败名裂。"

我的心脏有片刻的收缩。

"Vincent，能告诉我到底发生了什么吗？"这是我第二次问他。

他面无表情："你全都猜中了。"

是的，Vincent 有三个女人，他的妻子、情人和助理。

妻子是 Vincent 所在银行的高管之女。他读 MBA 时遇见她，被她的家族背景所吸引，对她展开热烈的追求。妻子是单纯的女人，不曾有过怀疑。尽管家人对这段婚姻并不看好，她仍义无反顾地嫁给了 Vincent。之后，她请求父亲为 Vincent 引荐了现在的职位。Vincent 对妻子是感激的，但总觉得缺少一份深情，所以婚姻 8 年，他们没有要孩子。

就在一年前，Vincent 升任该银行的大中华区高管，派驻北京。某日，他在公司楼下的咖啡馆邂逅了他命中注定的女人——Angela。Angela 供职于一家美资企业，是个单身妈妈。她爱的男人抛弃了她，她却毅然生下他的孩子并独自抚养。Angela 乐观勇敢，独立坚强，像一个小太阳，散发着光和热，深深吸引着 Vincent。他决心好好爱她，给她幸福。为了帮 Angela 达成梦想，Vincent 拿出自己的 500 万元资金，帮她开了一家摄影会馆。

与此同时，正因这笔资金的支出，引起了妻子的注意。

一个月后的某日，妻子突然飞临北京。在 Vincent 的公寓撞见了 Angela，她伤心不已。而 Angela 心思精明，背着 Vincent 约谈了妻子，坦承他帮自己开摄影会馆的事。妻子一怒之下返回法国。临行给他通牒，三个月内，要么回法国，与 Angela 分手；要么，她便告知父亲，与他离婚。Vincent 面临婚姻与事业的双重困境。若失去妻子，他事业和前途也将化为泡影。

而这时，Angela 却怀孕了，她想结婚，想要 Vincent 留下与她一起经营摄影会馆。

Vincent 快疯了。一边是苦心经营多年的婚姻和事业，另一边是深爱的情人和她腹中的孩子，他不知该怎么办，只能逃避，任凭自己在咖啡、酒精和漫无天日的失眠里沉沦。

直到有一天，在一个他脆弱到无法支撑的黄昏，一个女孩走进他的办公室，亲吻了他。女孩是他的助理，年轻而美好，心思单纯。她的爱简单热烈，一无所求。只要他对她温柔，她就满足了。他太渴望温暖，他害怕了那两个女人的予取予求。他知道这样是不对的，可还是闭上眼睛又一次沦陷下去。

他说完，我看了他很久很久。

我说："Vincent，到底什么是你想要的生活？"

"如果三个月前，我会说，我想和 Angela 在一起，怎样都好。"他的嘴角勾起苦涩，"可如今，我却不知道了，世界那么大，却没有我能去的地方。她们都爱我，我却只想远远逃开。"

第三次会面

Vincent 的助理打来电话，说 Vincent 已开始休假，想预约我的时间，每周五上午都留给他。

女孩的声音听起来有些担忧。她说，前些天 Vincent 胃出血住院了，这两天刚好。让我务必给他准备温热的水，不要让他喝凉的。她似乎还想说什么，想了想，又止住了。只是叹息道："Isabella，靠你了。帮帮他吧。"

我忽然想起 Vincent 的话："她们都爱我，我却只想远远逃开。"

周五的上午，暴雨倾盆。

本是清晨，天空却黯淡如傍晚。

沿着三环的路灯都亮了，淤堵的车辆闪烁着猩红的尾灯，在队伍里艰难行进。整个 CBD 好像风雨飘摇中的泰坦尼克号，似乎随时可能沉没下去。

Vincent 赶到时，已迟到整整一个小时。他很懊恼，说："Isabelle，我们还有时间吗，后边的来访者什么时候到？"

我告诉他，今天所有的咨询都取消了，你是唯一一个在这样的天气还赶过来的人。

Vincent 笑："是吗？那还真是遗憾。他们错过了在北京城里开船的机会。我一路开着 SUV 就像水上汽艇，相当尽兴。"

Vincent 在窗边坐下，透过落地窗，看着外边沦陷在暴雨中的城市。

"我喜欢这样的天气，Isabelle。就像世界末日。你知道逃不过，所以不用逃。"

我倒了一杯温热的水，放在他手边。

然后，坐到他的对面。

"如果是世界末日，你想跟谁待在一起？"我问。

Vincent 迟疑了一会，微笑说："我妈"。

出人意料。

我怔愣了半秒，又问："那她在哪呢？"

"就在北京，昨晚还打电话痛骂了我一顿。"Vincent 淡淡地说，"她都知道了，我太太告诉她的。"

"那你怎么想？"

"离婚吧。人都有底线，我也有。任何人把这件事告诉我妈都是不可原谅的。她应该明白，我不会原谅她。"

"为什么？"

"Isabelle，你知道什么叫骨肉分离吗？分离之后，又长到一起，然后又被人扯开。你会原谅这个人吗？"

Vincent 的瞳孔映出窗外的暴雨："我告诉你，绝对不会！"

Vincent 跟我说了一个很长的故事。

从很小的时候说起。那时，他的名字还不是温煦，而是张煦。那时，父母还没有离婚，他还有着令人羡慕的家庭。母亲出身中医世家，在医院工作，人美心善。父亲经营着一家服装厂，为海外的服装公司贴牌代工，家境殷实。从小到大，Vincent 不知道愁为何物。直到 11 岁那年，那个女人的出现。

确切地说，Vincent 并没有见过她几次。只记得，她涂得鲜红的嘴唇，一身浓重的香水，依偎在父亲身边。只记得，母亲和父亲无数次的争吵，一次又一次的痛哭。之后，父亲便很少回家。母亲说，他的良心被狗吃了。可 Vincent 知道，是被那个女人吃了。

Vincent 12 岁的时候，父母离婚。母亲没有争得任何财产，也没有争得他的抚养权。

被父亲接走的前一晚，母亲抱着他哭了一整夜。她用最恶毒的语言咒骂那个女人。她说，儿子，你长大一定不能像你父亲，他是世界上最龌龊的男人。她说，你要做一个出类拔萃的男子汉，让他们看看，我们母子不是让人随便欺负的。

Vincent 说，妈妈，放心，等我长大了就来找你，你不要哭，我会让你过上好日子。

去到父亲家不久，那个女人的孩子就降生了。Vincent 知道，自己从此多余了。所以当父亲告诉他，要送他去法国念书，他一句话也没有说。

13 岁，巴黎，戴高乐机场。姑姑接过他手上硕大的行李箱，跟他说，以后，这里就是你的家。Vincent 点点头。

在法国的日子，Vincent 说，最深刻的记忆就是孤独。

开始学语言的第一年，寄宿在姑姑家里。姑姑和洋姑父喜欢社交，每次晚上回到家都已是深夜。Vincent 一个人做饭，一个人吃，吃完回房间看书，睡觉。第二天自己骑车去上学。

他是学校里唯一的中国孩子，没有朋友。只有一个人关心他，就是他的法语老师 Isabelle。Isabelle 有三个孩子，都已长大成人，她的丈夫去世了，她一个人住在镇里。她喜欢烘焙，常常带给 Vincent 一些点心和自己做的果酱。大概是姑姑跟她提过 Vincent 的事，Isabelle 对 Vincent 总是格外耐心。她说，叫 Vincent 这个名字的人，注定不平凡。上帝会给他多一些考验，好让他更强大更有力量。曾经有一个 Vincent（梵高），他经受不住考验，在奥维尔的麦田里自杀了。若他能熬得过那一刻，就能看见自己的作品成为全世界的骄傲。

Vincent 说，我不会像他。因为，我妈妈在等着我回家。

一年以后，Vincent 完成语言课程，入读了当地的寄宿学校。他没有再见过 Isabelle，她在不久后就因乳腺癌去世了。

Vincent 从不知道，她已经患癌 4 年。他只记得她的笑容温暖，她喜欢梵高的作品，她说过他会是不平凡的人。她告诉他，不论多难，都要熬过那一刻。

于是，他熬着，在孤独里，渐渐变得无所畏惧。

16 岁那年，Vincent 恋爱了。一个日本女孩在他生日当天，送了他一罐糖果和一只小熊公仔。Vincent 抱着她泪流满面。他太寂寞了。她给了他糖果，所以他要和她在一起。爱与不爱，又有什么关系？

所以，10 年后，当他感觉到一个银行家的女儿对他投来爱慕的眼神，他毫不犹豫给了她热烈的追求。她爱他。而他，爱她身后的一切。

四年以后，他们结婚了。Vincent 成了"命运的宠儿"。

又过了六年，Vincent 得到了回国发展的机会。

妈妈去机场接他，激动得泪流满面。当年，她在 Vincent 走后，也离开家乡，来到了北京，在这里又组建了新的家庭。Vincent 告诉她，自己现在的名字是温煦。温，是她的姓。那一晚，Vincent 睡在妈妈家客厅的沙发上，前所未有的安心。他终于回来了，他做到了他的承诺，终于再也没有任何人，可以欺负妈妈。

他给妈妈买了新的车子，租了高档公寓，请了阿姨为她打扫卫生和煮饭。他带她去国家大剧院看演出，给她买平时舍不得买的衣服和项链，给她的丈夫买苹果手机和昂贵的保健品。他想要她幸福，永远都不要再哭了。

妈妈得知他已结婚，妻子是华裔，很是欣喜。为此，妻子还专程来北京探望她，两人相处得很是贴心。

一切本可以这样完美下去。可是有一天，Angela 出现了。

那一天，Angela 带着 5 岁的儿子在咖啡馆吃早餐。

孩子说，不想去参加运动会，因为学校邀请爸爸一起，可他没有爸爸。Angela 微笑说，去吧，妈妈陪你。孩子说，万一比赛要求爸爸抱着孩子跑怎么办？ Angela 说，妈妈也可以啊，妈妈很强壮的。

Vincent 起身走了过去："叔叔也想参加运动会，你可不可以带上我？"。

Angela 抬起头看他，微微惊讶，然后笑了。

那一刻，他爱上她。她的眼神柔弱又坚强，就像他的母亲。

他想给她幸福，给一个带着孩子的单身妈妈幸福。

就算给不了她婚姻，至少，她会因他的出现而快乐。他帮她开了一家她喜欢的摄影会馆，那是她的梦想。

悄无声息的爱情，如果可以继续，也算是一种幸福。

然而，那一晚，妻子毫无征兆地出现，敲碎了粉饰已久的太平。爱情与利益，两个女人的较量，是瞬间拔地而起的风暴，将 Vincent 围困在漩涡的中心。

接下来，他最不愿看到的事情发生了，妈妈痛哭着给他打电话："你怎么能像你爸爸……你怎么能像那个混蛋！你的良心被狗吃了……" Vincent 的大脑突然嗡得一声，什么也听不见了……

他不知道她何时挂断的电话。他就这样抱着手机，在沙发上蜷了一整夜，流干了 12 岁以后所有的眼泪。

"那个女人，她不可原谅！破坏别人珍贵的东西有趣吗？她该明白，一切都有代价。" Vincent 的声音安静而冷漠，我却听出了暴雨将至的气息，"我下周回法国。见律师。她想要离婚，我奉陪到底。"

"Vincent，你真的考虑清楚了？"我提醒他道。

"对，考虑清楚了。为了所谓的事业，逼自己屈膝在虚伪的婚姻里，这一辈子又有什么意义？人生很长，大不了换个国家、换个工作，从头开始。法国 23 年，我已经待够了。对了，最近学了一句北京话，很酷，叫作'爷不伺候了'！"

说完，他大笑起来。

这是我第一次看他这样笑。不同于之前那个 logo 表情，他整个人似乎都有了光彩。

我说："Vincent，我特别喜欢你今天的笑。因为只有这个笑，才对得起你受过的苦。我喜欢你的法语老师 Isabelle 跟你说过的话：Vincent 是一个注定不平凡的名字。若熬过了这一刻，你就能看见全世界为你骄傲。"

"还有，"我接着说，"我的名字是 Isabella，不是 Isabelle。希望你不会觉得困扰。"

Vincent 微微一怔，很快回过神来，"噢对，sorry Isabella。其实，我想说，不管是 Isabella，还是 Isabelle，叫这个名字的人，都值得我说一声，谢谢你。"

第四次会面

Vincent 一去，就是半个月。再见到他，已是三周后。

依然是周五上午。

他又在喝冰过的巴黎气泡水，看来，应该是胃好得差不多了。

他说，这次回去大体还好，只是没有见妻子。

"不知道该怎么面对她，不知道该说什么。所以，还是不见吧。律师会跟她谈的。而且，她也有心理医生，应该还好。"Vincent 淡淡地说。他的巴黎水在玻璃杯中安静的冒着泡。

"Isabella，我是不是很无耻？"他盯着玻璃杯，好像在跟那些气泡说话，"连承担自己愧疚的勇气都没有，这样的男人，还真是连无耻都不足以形容。"

空气中，有气泡安静破裂的声音。

好像深海里的鱼，忽然浮出水面，又迅速沉入海底。

"我应该这么认为吗？"我看着他，"每个人都有权利，做出让自己好受一点的决定，你也一样。所以，我不会评价你。也没有人，有资格评价你。"

"Vincent，你是自由的。而自由，是无可指责的。"我说，"你有权不爱她。正如她有权，继续爱你。这是一个人的选择，而选择总会有代价，仅此而已。"

Vincent 看着我的眼睛，良久。

"是吗，我是自由的吗？"他自言自语。

他说，Isabella，我又做了一个梦，你听听看。

"梦里，是小时候的家，妈妈和隔壁的阿姨一起坐在沙发上看电视，我带着 Angela 回去。隔壁的阿姨对 Angela 赞不绝口，妈妈也很开心，拉着我俩嘘寒问暖。Angela 想给妈妈展示厨艺，就去厨房准备晚饭。这时，忽然地震了，四面的墙都垮塌了。我赶紧跑去厨房找 Angela，但妈妈阻止了我，说，不用去，没事。我一回头，发现四周的墙都好好的，又回到了地震前的模样。正当诧异，妻子端着菜从厨房出来了，笑着说，吃饭了。"

梦到这里，就醒了。

"Isabella，你说过，梦是潜意识里愿望的满足。"Vincent 说，"那我这个梦是什么？难道我希望 Angela 消失，妻子又回来吗？"

Vincent 的眉心蹙起，牵动眼角怅惘的纹路。

我思考了一会儿，说："不一定，Vincent。我猜，这个梦也许有两种解读。

前边的部分，你带着 Angela 去见妈妈，潜意识里希望她得到妈妈的接纳和喜爱。于是你安排了另一位协助者——隔壁的阿姨，让她对 Angela 赞不绝口，以帮助妈妈更愉快地接纳 Angela。紧接着 Angela 去做饭，然后地震了，妈妈阻止你去找她。这也许是你潜意识里的不安，觉得妈妈对她的接纳不会那么顺利，可能会有混乱发生，所以妈妈会阻止你去找她。之后，一切恢复了原状，妻子端着菜出来了，这一部分，或许可以做两种解读：

一种，正如你所说，你潜意识里希望眼前的混乱局面结束，Angela 消失，妻子回来，一家人又恢复之前的和睦。

而另一种，也可以解读为，你潜意识里希望 Angela 就是你的妻子，这样，妈妈就会真正地爱戴她，而眼前的混乱局面也即随之平复。

可是 Vincent，你意识到了吗？这个梦，不管做何种解读，它的关键都在于一个人，那就是——你妈妈。"

我伸手取过他手边的玻璃杯，放在桌子的中心。

"就像这巴黎水，装在杯子里，或装在瓶子里，你都无所谓。因为比起容器，你更在乎的是这水的本身。"

Vincent 看着我。像一条鱼隔着深深的海平面望上来。

他又自言自语："是吗，那我怎么可能自由……"

第五次会面

一周后，周五上午。

Vincent 带来了两瓶巴黎水，两只杯子，还有切好的柠檬片。

他说："Isabella，我想过了。我不仅仅在乎这水，我也在乎杯子。事实上，还有更多的讲究。"

他把切好的柠檬片放进杯子，拧开巴黎水，倒了进去。

"看，这才是生活。谁都不缺，感觉才会好。"他拿起一只杯子递给我，"Cheers！为我的自由。"

他一饮而尽。然后眯起眼睛回味，好像刚刚喝了一杯酒。

我喝了一口，味道难以描述。我说："你这自由的味道，还真是酸爽。"

他哈哈大笑。笑到眼泪都流了出来。之后问我："你猜，我妈会喜欢吗？"

"她会慢慢习惯的。"说罢，我带着忍耐的表情，又喝了一口。

Vincent 又哈哈大笑起来。

Vincent 说，他决定去找妈妈坦白。告诉她这些年，自己走的路。告诉她关于妻子，还有 Angela。离婚已在进程中。律师说，他或许将失去所有财产。但 Angela 不在乎，他也不在乎。他们的女儿将在年底降生，名字已经想好。Angela 说，就叫温暖。

"所以，你决定留在中国了吗？"我问。

"是的，我会和 Angela 一起经营摄影会馆。等法国那边完事，我们就结婚。"他说，"但是，Isabella，你要帮帮我，我该怎么面对我妈？她从上次以后都不接我电话了。这个世界上，伤害她最深的人就是我爸，而我却做了和我爸一样的事，她一定失望至极。我觉得自己罪恶深重，都没脸出现在她面前。"

Vincent 的手指无意识地敲打着桌面，发出清脆而凌乱的声音。

我说："Vincent，我忽然想起小时候的一个同桌。他弄丢了妈妈给他交学费的钱，然后就一直在我旁边这样敲桌子。我说，你敲得我脑子都乱了。他说，其实我心里想哭。"

Vincent 笑，看着我，眼中有莫名的情绪："那后来呢？"

"后来，他妈妈把他痛揍了一顿。又心疼他哭得可怜，给他烧了一碗红烧肉。"我说，"其实他家很穷，他妈妈是学校门口卖炸土豆的。那些钱,是他家两个月的饭钱。"

Vincent 又笑。

笑着笑着,眼泪就流了下来。

他用手挡住眼睛。

"Isabella,她不会原谅我的。我做了她最痛恨的事,我成了她最鄙视的人。"

"她会原谅你的。因为,你也是这世上她最爱的人。去见她吧,给她一点时间。"我说,"没准她也会痛揍你一顿,再给你烧上一碗红烧肉。"

Vincent 破涕而笑:"还是不要了,她烧的红烧肉太难吃。"

我笑:"这句话可不要告诉她。"

第六次会面

一周后,周五上午。

天色阴沉。秋天的气息越来越浓。

我问:"Vincent 近来怎样?"

他说，法国那边还好。有律师在，他又不争财产，没太多可操心的。银行的职位已经辞了，交接两个月就能走。前妻给他写了很多 E-mail，各种电话短信，他都没有回，她也渐渐安静了。他说，不想和她牵扯太多，干干净净断掉，对大家都好。

我问他，有没有和妈妈谈过。

他说，谈了。妈妈比想象中要平静。但她拒绝接受 Angela，也不愿见她，说她是小三，满腹心机和手段，破坏别人家庭，祸害男人。

"所以，妈妈还是很爱你啊。触动她心结的人是你，她却不愿怪你，把一切归罪到 Angela 身上，这样，她心里才好受些。"我说。

"是啊，只是委屈了 Angela。"Vincent 说，"我们的婚期可能要推迟。妈妈是我最重要的亲人，我们的婚礼不能缺少她。"

"那 Angela 怎么想，她能接受吗？"我问。

"她很好。她说，办不办婚礼无所谓，只要有我在就好。"Vincent 说，"对了，她还发信息给我妈，说，我们未来的女儿叫温暖，问她这名字好不好。我妈两天以后给她回信息，说，好。"

Vincent 微笑："你说的对，Isabella，也许我妈只是需要一点时间，她会慢慢理解我的。"

我说："会的。而且你的 Angela 很有办法，相信你妈撑不了太久。"

Vincent 眼角的笑意有微微的凝固。

"是不是，你也觉得 Angela 的心思太过精明？"他问。

"哦？为什么这么说？"我问。

"其实我知道，"Vincent 微微一笑，"她的确不是简单的女人。但你们只看到了她的精明和手段，却不知这背后她经历了多少苦难。若没有这点心思，只怕她也撑不到现在。"

"Vincent，我不知道 Angela 精不精明。但我能感觉，你很爱她，她也爱你。这就够了。别人怎么看，是别人的事。何必理会？"我微笑。

"对，你说过，每个人都是自由的。"Vincent 拿起手边的水杯，做了一个碰杯的姿势，"虽说我的自由酸爽无比，也好过之前的画地为牢。"

"对了 Isabella，还有一个事想请你帮忙……"Vincent 的神情有些犹豫，似乎并没有想好，"那个……Coco 最近有没有给你打电话？"

我有点懵，"哪个 Coco？"

"就是之前我的助理，她没告诉你名字吗？"

我这才想起那个女孩。她曾接连打过三个电话提醒我：空调开到 23 度，咖啡要星巴克的超大杯焦糖玛奇朵，巴黎气泡水提前冰好，旁边再配一个干净的玻璃杯。她曾说，Vincent 是命运的宠儿。

我说，"哦，原来她叫 Coco。她每次打电话来，都只说'我是 Vincent 的助理'。我想，她大概忘了自己的名字，只记得你了。"

Vincent 的眼里闪过尴尬的情绪。

他说："Isabella，我想请你给 Coco 做咨询，可以吗？费用我来。"

我望着他，点了点头："如果她愿意的话，我没问题。"

"我想，一个男人，至少应该有承担愧疚的能力。对于前妻，我已经无耻过一次。对于她，我不能再无耻下去。她还太年轻，值得一个更好的男人和一份真正的感情。"Vincent 的声音里有浓浓的倦意，"而我已经累了，只想好好守着一个家，等着我的小暖暖出生，好好陪着她长大。"

他停顿了很久，又接着说："等她长大，我会告诉她，要远离像爸爸这样的男人。爸爸不是一个好丈夫、好男友、好儿子，爸爸做过很多错事，伤害过善良无辜的人。但是，爸爸会尽到全力，去做一个好父亲。"

我微笑："还有，别忘了告诉她，她爸爸是一个不平凡的人。熬过 23 年的苦，实现了对奶奶的诺言；放弃了豪门的婚姻和锦绣前程，只为让她来到这个世界上；宁愿一无所有，也要守在她和妈妈身旁，给她们幸福。她的爸爸，或许不是一个完美的男人，但一定是这个世界上最努力和最爱她的人。"

Vincent 闭上眼睛，笑容和泪水都在他的脸上。

我想，他大概看见了小暖暖，伸出胖乎乎的小手向他微笑。

[后记]

Vincent 把卡里剩下的 10 个小时咨询时间都转给了 Coco。

之后，Coco 断断续续来了三个月。最后一次见面时，她说又恋爱了，对方是个男模，比 Vincent 还要帅。年轻的女孩总是容易雨过天晴，她眼里的阴霾散去，满满透着光彩。

过新年的时候，Vincent 的小暖暖出生了，他发来照片给我看。照片上，暖暖靠在爸爸大大的手心里，妈妈在一旁笑靥如花。他说，奶奶很喜欢小暖暖，爱不释手，对 Angela 的态度也改善了很多。他们预备春天的时候举行婚礼，奶奶没有反对。

看着照片，我忽然想起 Coco 说过："等你见到 Vincent 就知道了，什么叫命运的宠儿？就是上天把所有最好的都给了他一个人。"

此刻想来，竟是真的。

案例故事 2　人生若只如初见

[题记]

"世上无限丹青手，一片伤心画不成" ——［唐］高蟾

2016 年，夏。

那天的阳光格外炽热，照在身上，似乎能听见皮肤"嘶嘶"作响。

趁我倒茶的工夫，墨远把里外屋都转了一遍，自言自语道："这间是催眠室吧，有躺椅。这间肯定是咨询室，采光不错，大落地窗视野好，就是夏天太热。"说着，一边拉上纱帘。

我走到窗边把水杯递给他，指了指旁边的沙发，说："请坐，

随意。"

墨远接过水杯，并没有坐，而是径直向对面走去。对面墙上挂了一墙的证书吸引了他的注意。他饶有兴致地一个个看着。看了一会儿，摇摇头，笑。

"是看到什么有趣的了吗？"我问。

墨远背对着我，没有回头："没什么，只是觉得你们咨询师很有意思。这些证书是从同一个地方批发来的吗？我去过其他几个心理咨询室，也这样。什么国际证书、督导认证、行业奖项，乍一看厉害得不行，聊了两句也就那二两功夫。一个个倒是"端庄"得很，又端又装，可惜啊，就是不解决问题，拿着套路唬唬人罢了。唐老师觉得呢，是这样吗？"

墨远转过身来，看着我，收起了笑容。

我看了他一会儿："我猜，张先生是个对自己要求很高的人。标准严格，难以宽容和放过自己。我们对别人的看法和评判，往往是对自己态度的一种折射。这个世界上，放不过别人的人，常常也放不过自己。这样的人，容易活得累，容易失望和受伤，也容易孤独。"

墨远看着我，半晌："唐老师这样真的好吗？"他抬起右手，锤在自己心脏的位置，"刚见面就给我这里插上一刀。不过还好，算是'温柔一刀'。"他笑，走到窗边坐了下来。

案主：张墨远，男，33岁，个人信息不详，因失眠前来咨询。

第一次会面

待墨远坐下，我才留意到，他端着水杯的左手有着半臂文身，好像画的是十字架和耶稣。

"耶稣受难图。"墨远见我盯着他的手臂，主动开口道，"我信基督教。我相信死后有天国，地狱有审判。所以纹这个图案，是想提醒自己，时刻不忘忏悔。当然，还有另一个更重要的理由，"墨远故作神秘地放低声音，"那就是，纹个'花臂'很潮，很'拉轰'。"说完自顾笑了起来。

不知为什么，墨远笑的时候我总觉得冷，就像人们站在旅游景点面前，为了拍照而摆出来的那种笑。转瞬即逝，没有温度。

我说："墨远，咱们今天聊点什么？"

墨远想了想说："随便，你想聊什么就聊什么。"

我愣了一下："怎么忽然觉得哪儿不对？好像我是来访者？"说罢，我和墨远都笑了。

笑罢，墨远说："要不这样，您给我做个催眠吧。朋友推荐说，您的催眠疗法对失眠很有帮助。我这段时间一直睡不好，夜里两三点才睡着，四五点钟天一亮就醒了。白天精神很差，想补觉又睡不着。脑子里总有乱七八糟的事儿，怎样都停不下来。前些日子做了胆囊摘除手术，可能对身体也有一些影响。总之，综合因素，您看看有没有办法解决。我就想好好睡一觉，没有别的要求。"

我看着他，的确神情疲惫。我说："好，我们今天先做催眠，补一觉缓解疲劳。但想要真正解决你的失眠，恐怕还需要后续的心理咨询。只有找到造成失眠的心理根源去疏导和修通，才能心无挂碍，睡得安宁。"

墨远点头：说，"好，您安排时间，我配合。"

接下来的催眠过程很顺利。我给他做了放松训练和催眠层级的"六级深度测试"。墨远的敏感度很好，配合意愿也高，可以达到催眠层级中的第五级，非常不错。之后，我用反复的深化和催眠情景引导他，将近45分钟，墨远进入了睡眠状态。

我给出暗示:"现在的时间是下午 3∶45,你将会深深的睡上一个小时,在 4∶45 的时候醒来。醒来以后,你会觉得头脑清醒,思路清晰,浑身充满着活力。"

之后,我轻轻走出房间。让他安静地熟睡。只有经历过长期失眠的人才知道,这一个小时的睡眠,多么重要。

时间将近 4∶45,我走进房间,坐回到他身旁,等着他苏醒。在催眠状态下的睡眠,往往有着准确的生物钟,来访者清醒的时间大都和预设相差不多,这一点非常神奇。

大约 4∶50,墨远睡眼朦胧地睁开眼睛,问:"几点了?"我示意他缓一下,再闭一会眼睛,慢慢醒过来。然后出去倒了一杯水,放在他的手边。

缓了片刻,墨远渐渐清醒,他说,睡得很解渴,整个人舒服多了。他问我,是否还有时间,想接着咨询一会。

我看了看钟表,说:"恐怕来不及,下一个来访者就快到了。如果需要的话,我们可以近期再约一次咨询。"

墨远问:"通常心理咨询的频率是怎样的?"

我说:"大部分来访者是每周一次,固定时间。"

墨远想了想,说:"好,加上今天,我一共来 4 次。费用我先预付给您,下周同一时间再见。"

我有些犹豫："4 次或许不够呢，心理问题的解决需要一个过程，仅仅几次咨询难以达到深入的效果……"

"谢谢你唐老师，"墨远打断我，"这些我明白，但恐怕，我只能来 4 次。以后我会跟你解释。先走了，谢谢你的时间和催眠，对我很有效。期待下周见。"

说完，墨远起身告辞，头也不回地向外走去。

楼道昏暗的光线下，他背影的"花臂"已渐褪色。但耶稣脸上的痛苦，仍清晰可见。

一定是文身师手下用心的作品，我心底暗想。

第二次会面

再见墨远是 7 天以后。他到的很准时。

他说，这些日子每天睡前听我在喜马拉雅上的催眠音频，效果很好，入睡快。就是夜里多梦，常常半夜惊醒，然后再也睡不着。

我问他，记不记得是些什么梦？

墨远说："记不清了，各种各样的梦。每个梦里我都像丢了什么重要的东西，一直在找，又找不到，又想不起来到底丢了什么。就这样重复，醒来后觉得特别累。"

"丢了东西？你觉得，可能是什么东西呢？"我问。

他摇摇头："我也不知道。那种感觉很乱，好像是一个特别重要的东西，找不到就会死，但又不知道去哪儿找，也不知道要找的到底是什么。像无头苍蝇一样到处乱撞，每次都是又焦虑又绝望地惊醒……"墨远抬起手，按在自己的太阳穴上。眉头紧蹙，似乎头痛的样子。

"你记不记得，第一次做类似的梦是什么时候？"我问。

"那就早了，好像从四五岁开始吧，时不时就做这样的梦。丢了，找不到，发疯似的找，然后哭醒。我小时候睡觉很不消停，夜里总大哭大闹，为此没少挨骂。"

"看起来，这个'丢了'的东西，似乎对你有着很重要的心理意义，并且这个意义和你童年的经历有关。"我分析道。

墨远点头："那它到底是什么呢？"

"也许，我们可以试着在催眠状态下找一找，看能不能发现与此相关的线索。"我说，"虽然不确定能否找到。毕竟初始的年纪太小，四五岁的孩子，对很多事情的理解和记忆都很有限。"

"好，明白，那就试试吧。"墨远说，"能找到最好。找不到也无所谓，大不了我再去梦里接着找。"他自嘲地苦笑道。

催眠导入的过程流畅而顺利。看来，经过一周的催眠练习，墨远的敏感度又有提升。大约 30 分钟左右就到达了适合"回溯"的理想深度。

我给出暗示："等一下我会从 5 数到 1，当我数到 1 的时候，你就会回到你的童年时代，一个和'丢了东西'有关的场景里去。你是安全的，我就在这儿轻轻地保护着你。5——4——3——2——1，现在，你已经回到了你的童年时代，那个和'丢了东西'有关的场景里。花一点时间适应一下环境，去感受你身边的一切，你身边的人、事、物，一切有关的东西……你仍然在深深的催眠状态当中，但你可以开口说话，告诉我，你都感受到些什么？"

墨远闭着的眼睛不断眨动，渐渐湿润，泪水就滑落了下来。他的嘴唇颤抖，好像要说些什么。我俯下身去贴近耳朵，想要听得更清楚。

半晌他声音更加哽咽："我知道了，都知道了……"眼泪越发汹涌，爬满了脸庞。

见他不再说话，我试探地问："你是想在那个场景里多待一会儿，还是想现在唤醒？"

墨远点点头，说："唤醒吧……"

我给出暗示："等一下我会从 5 数到 1，当我数到 1 的时候，你就会从催眠状态当中清醒过来。醒来以后，你会记得催眠场景中发生的一切。5——4——3——2——1"。

墨远从催眠椅上坐起来，接连抽了七八张纸巾，厚厚的一叠按在脸上，久久地，一动不动。没有任何声音。我却从那种寂静里，听到一种破碎。

我没有说话，安静地坐在旁边，等着。

过了很久，他取下纸巾，扔在旁边的垃圾桶里。又躺回催眠椅上，闭上眼睛。

"你知道吗？其实，我的名字不叫张墨远。我叫张远。张墨是我哥哥。他比我大 3 岁，在我四岁那年，得了脑炎去世。害死他的，是我。"墨远的声音很平静，听在我耳朵里却是振聋发聩。

短暂的恍神，我迅速镇定下来："墨远，我不太明白，哥哥得脑炎去世，和四岁的你有什么关系？"

墨远的嘴角浮出一丝苦涩的笑。

"张墨，张远，知文识墨，志存高远。这是我爸给我们取的名字。他和我妈年轻的时候，响应号召，知识青年下乡，在农村一待就是一辈子。就希望我和哥哥长大后能有出息，远走高飞。

小时候，我对哥哥印象不深，也许是年龄相差大，他也不带我玩儿。只记得，妈妈是更宠爱哥哥的。好吃的先给哥哥，吃剩的再给我。她说我小，吃不了多少。只有哥哥能穿新衣服，我穿的永远是他剩下的。记事以来，有一个场景我记得特别清楚。有一次哥哥穿了一双新鞋，我很喜欢，就蹲下去摸。哥哥说：'张远，你记住，只有哥才能穿新鞋，你只能穿哥穿剩的旧鞋。你要是乖，我就不把它穿坏。要是你不听我的话，我就把它踩烂了再留给你。'那个时候，我忽然希望哥哥死掉，我就可以做家里唯一的孩子。不料，没过多久，这个愿望居然实现了。

那时候，爸爸在国防工厂里做技术工人，常常整夜加班回不了家。家附近只有一个小卫生所，没有医院，普通小病可以拿点药吃，大病就只能去邻近的县城里找医院看。

记得那天晚上，爸爸不在家，哥哥病得很重，不断呕吐，床上地上一片狼藉。后来好像抽搐了，妈妈吓得惊叫大哭，背起哥哥就往外跑。我当时害怕极了，也跟着往外跑。妈妈让我回去，我不肯，死命拽着她的衣角大哭。没办法，妈妈只能背着哥哥、领着我，在漆黑的山路上，艰难地往县城方向走。我记得，那天山路很黑，什么都看不清，我跌跌撞撞地跟着，不断摔倒，腿也磕破了，鞋也掉了，一边跑一边哭。妈妈怕我丢了，只能不断停下来等我，就这样走走停停，不知过了多久，天蒙蒙亮的时候，终于到了县医院。那时，哥哥已经没有了呼吸。妈妈抱着哥哥哭得伤心欲绝，我却在医院的椅子上睡着了。

回去以后，妈妈给哥哥穿好衣服，让我过去，跪下，亲亲哥哥。妈妈说：'你记住了，你欠你哥一条命。要不是因为你，只要早到半个小时，你哥就不会死。'我走过，跪在他旁边，在他的脸上亲了一下。他一动不动，好像睡着了。

再后来，我就不记得了。只知道从那以后，我的名字就变成了张墨远。我妈说，这是我欠我哥的，剩下的命得替他一起活。"

"墨远，那不是你的错。当时你只是个四岁的孩子，不知道会发生这一切……"我试图安慰他。

墨远回过头来看着我，淡淡一笑，伸出手在我的手背上轻拍了两下，说："放心，我没事，都过去了，这些年也习惯了。她怨我，说是我的错，我就认。她要我替他活，我就替他活。我欠他们的，不管还不还得清，这辈子慢慢还就是。"

"对了，这件事和你梦里的'丢了东西'有联系吗？"我忽然想起来，我们今天催眠探索的目的。

墨远点点头，说："是的，就是他。他去世后，我妈不允许任何人说他死了，包括我爸。在人前就说他'丢了'——小时候，不小心走丢了。所以，大概我梦里一直要找的，就是他吧。"

"你猜，假设他现在就坐在你的对面，看着你，他会跟你说些什么？"我问。

"这个……我倒从没想过……"墨远有些意外。

"不妨想想呢？你可以闭上眼睛，想象一下。"我坚持道。

墨远稍作犹豫，之后，闭上眼睛。

沉默了一会儿，说："嗯，我看见他了。长得和我现在的样子很像，比我瘦一些，穿着白色的 T 恤，看上去很精神。他看着我笑。"

"非常好……去尝试着跟他对话，问问他，有什么想对你说。"我顺势引导。

墨远点点头，又沉默了一会儿，接着说道："他说，他都好，要我照顾好妈妈，她这辈子不容易。我说：'好，放心吧哥，咱妈交给我，一定把她照顾好。'他说：'张远，你欠我一条命，你得替我好好活着，不许死了。'我说：'好，我答应你，我不死，我替你好好活。'……"墨远喃喃自语，语速很慢，声音越来越低，渐渐不可闻。

他眼睛静静地闭着，好像睡着了。

我的目光，无意识地落在他手臂的"耶稣受难图"上。我想起他说过的话："我相信死后有天国，地狱有审判。所以纹这个图案，是想提醒自己，时刻不忘忏悔。"

他是在向哥哥忏悔吗？他在忏悔些什么呢？我正暗自揣度，听见他说了一句："他走了。"

"墨远，现在我要请你再做一个假设，假设现在主耶稣就坐在你的对面，他会对你说些什么？"我问。

墨远沉默了很久，摇摇头："哥哥去世的那天，其实我并不难过，甚至有一点开心。我想着，以后我就可以穿他那双新鞋了，再也不用担心被他穿破。我在他的脸上亲了一下。只有一下。后来我才知道，在基督教里那叫作'背叛之吻'。在《最后的晚餐》里，主耶稣和 12 个门徒一起晚餐，有 11 个人都亲吻了主耶稣的双侧脸颊，只有犹大，因为背叛了主耶稣而心虚，仅仅在他的侧脸上亲了一下。这就是'背叛之吻'。'背叛之吻'是没有资格被原谅的。"

"当时你还是个孩子，墨远，一个四岁的孩子对死亡的理解是有限的。这不是背叛，只是一种本能，一种动物的幼崽都会有的、生存竞争的本能。"我说，"我想，如果主耶稣此刻就在你的面前，他一定会对你说：'你被宽恕了，孩子。你被宽恕了'。"

墨远紧闭的双眼，慢慢滑下两行眼泪。这一次他没有擦。他抬起手，划过额头、胸口、左肩、右肩，再双手合十，久久地抵在额前。

有眼泪顺着他的嘴唇和下巴掉落下来。落在衣服上，很快消失，只留下斑驳的潮湿。

我知道，那潮湿会在岁月中渐渐蒸发。正如他手臂上的"耶稣受难图"，那些色彩如夕阳下斑驳的光影，会日复一日褪淡到模糊难辨。

插曲—咨询：妻子来访

次日上午，我刚到咨询室，便见一个女人等在门外。衣着朴素得体，面容却一脸憔悴。

她说："您是唐老师吧？真抱歉，冒昧地打扰您。我在网上查到您的工作室地址，就直接过来了。我是张墨远的太太李丽，如果您碰巧有空，我想跟您聊几句，可以吗？"

我看了看时间，说："好，我有15分钟，咱们进屋聊。"

坐下以后，李丽直奔主题："唐老师，真是谢谢您，这段时间墨远的情绪好了很多。之前我快被他吓死了，他居然带着女儿去跳楼，这事他跟您说了吗？"

我吃了一惊："什么时候的事？"

"是来见您以前。正因为这件事，朋友才推荐他来做的咨询。不过，这段时间他情绪稳定多了，说实话，我都不敢让他见女儿，又怕他像那天一样发疯……"李丽眉头紧锁，一脸担忧。

"那天发生了什么，他怎么会带着孩子去跳楼呢？"我问。

"唉……"李丽深深叹了口气，"还不是因为他那个能折腾的妈！先是说，想孩子，要看孩子，让他来接。接过去一会儿，又说孩子身上这毛病那毛病，说都是跟我学坏了，开始各种骂我。孩子不乐意，给我打电话说想回家。她又非不让。孩子就闹开了。墨远于是说了两句，大概是劝他妈让孩子回来。墨远对他妈特别尊敬，从没说过半句重话。谁知道，老太太当场就炸了，要死要活地闹开了。说什么，墨远小时候害死了他哥，现在又想让孩子来气死她……闹着闹着墨远也崩溃了，说：'要我偿命，我还你两条行不行！'之后拉着孩子就跑到顶层28楼要往下跳。幸亏当天物业正在顶层维修水塔，这才给拦了下来。这些我都是后来听女儿说的，吓得我浑身冷汗，一阵阵后怕。"

"孩子多大了？"我问。

"6岁，刚上小学。那次以后，孩子每天晚上都不敢睡觉，说害怕爸爸发疯，以后不敢见爸爸了。"李丽很无奈。

我看了看时间，15分钟快到了。我说："李丽，谢谢你告诉我这些，这对我们的治疗非常重要，我会找机会跟墨远讨论的。但是抱歉，下一个来访者就快到了，今天可能没法深谈下去。如果需要，我们再单约咨询。对于孩子，建议做一段时间的儿童心理咨询。这件事对孩子的影响非常大，请务必重视。"

李丽站起身说："好的唐老师，拜托您了。墨远是个好人，就是愚孝，一辈子都毁在他妈妈手里。请您一定帮帮他！"

我说："放心，我会尽最大努力。"

李丽走到门口，又停住脚步，说："对了唐老师，我可以跟您保持联系吗？如果治疗中有什么进展和疑问，我们随时沟通。"

我说："真是抱歉，恐怕这一点我无法答应你。心理咨询是遵循绝对保密原则的，关于墨远的任何信息，我都无法与你沟通。当然，你可以把电话留给我，如果发生保密原则以外的危险，我会第一时间与你联系。"

李丽叹了口气，点点头说："也好。谢谢了"。之后，转身走了出去。

第三次会面

周四下午两点半，墨远再次准时出现。

他说，上次咨询后，整个人像虚脱了一样，大病初愈般疲惫。一个人开着车，绕着五环路跑了整整三圈。一路听着电台，看着夜晚的灯光，把车开到170迈，在速度中泪流满面。过去的一切，好像上辈子的事，遥远而不真实。晚上回到家是11点，没有吃饭也没有洗漱，倒头就睡，一觉睡到第二天早上10点。睡得很踏实，很补。之后的一周，睡眠神奇般的恢复了，躺下很快就睡着，夜里也睡得安稳。

墨远说，已经很多年没有过这样的睡眠。他问我："你是怎样做到的？"

我笑了笑说："这可不是我的功劳。精神分析学大师弗洛伊德认为，当人们潜意识中的创伤意识化，症状就能得到改善。也就是说，当我们把过去创伤的源头找到，呈现出来，去修通，去与它们和解，困扰我们的心理症状就能得到减轻和改善。所以，这是一段自我疗愈的过程，而我，只是这个过程中陪伴你的向导而已。"

墨远看着我的眼睛，好一会儿，说："谢谢你。你知道吗，我总有一种感觉，觉得你似乎可以看穿我在想什么。从第一次见面你对我说的话，我就好像无处可藏。你说，我是对自己要求很高的人，难以宽容和放过自己。你说，这个世界上，放不过自己的人，会很累，会失望、会受伤和孤独。当时我就觉得，像被一把刀划开心脏，里面那些黑暗的东西全都涌了出来，摊在我面前，那样真实和绝望。所幸，你不但有'温柔一刀'，还有'温柔的缝合'。谢谢你，给我这里做了一场完美的手术。"墨远抬起手，放在胸口心脏的位置。

我沉默了一会，微笑。我说："墨远，其实我看不穿你在想什么。对你的感觉只来自于一种职业嗅觉。你知道，当你与数以千计的人倾心交谈过以后，你就会有那种直觉。哪怕对方没有说话，仅仅一个眼神，一个姿态，你便能感觉出他的状态、他可能的成长历程，以及他可能正在经历的生活。这是一种模糊的嗅觉，它无迹可寻，却是一个心理咨询师重要的凭借。当然，它只是一条线索，而不是全部。比如，我就没有猜到，你在见我之前，曾带着女儿去跳楼。"

墨远的眉头微微蹙了一下，很快镇定下来。"她来找你了？"

我点点头："是的。"

墨远抬起手，按在太阳穴的位置，用力地揉，似乎头痛欲裂："她还说什么？"

"她还说，你是个好人，让我一定帮帮你。"我答道。

墨远摇摇头，被手掌遮住的面容下，依稀可见嘴角的苦涩："我们……不可能了。她应该明白的。结婚这些年，我日日夹在她和我妈的战争之中，真的够了。你不知道多可怕，日复一日激烈的争吵、冷战，甚至动手。闹得最凶的一次，她打开窗户想跳楼，而我，想跟她同归于尽。

每天下班，我都不想回家，不想面对家里的战场，宁愿在外面应酬，和莫名其妙的客户谈着钱和生意，喝到昏天黑地。曾经我以为，家是一个港湾，可以在暴风骤雨来临的时候让我有休息的地方，有一杯热水，一张舒适的床，一双温柔的手。可后来才发现，我的家本身就是我最大的暴风骤雨。

后来，我们离婚了。我起诉了三次，上了三次法庭，耗了整整三年，终于把我们最后一丝感情熬干耗尽。我把所有的财产、房子、钱都给了她，只要了孩子的抚养权。7年噩梦般的婚姻，终于结束了，我终于自由。宣判的那一刻，我以为自己会开心，然而没有，我觉得自己好像是诺亚方舟上残存下来的一个动物，面对世界浩劫后满目疮痍的大地，那样茫然、不知所措。甚至，我问自己，这些年，你到底坚持的是什么？那么坚持，为什么？值得吗？有意义吗？"

我看着他的侧脸，覆在脸上的手掌在他的下颌投下深深的阴影。我说："是啊，这些年，你到底坚持的是什么？值得吗？有意义吗？"

墨远放下手掌，转过脸，看着我，眼神幽深莫测。

我看着他的眼睛，说："对不起，诚实地说，我的直觉一直在反驳：你根本不爱李丽，让你痛苦的，也不是她。这段婚姻的破裂似乎只是一个借口，一个让你可以正大光明去痛苦的借口。你的心不在她身上，你真正的暴风骤雨，在另一个地方。"

墨远看了我一会，忽然笑了："我在想，谁有你这么个媳妇，那该多瘆得慌？跟个照妖镜似的，分分钟被打回原形。好吧，'温柔一刀'果然例不虚发，又一次正中红心。"

墨远拿过身侧的水杯，一饮而尽，好像那是一杯酒。他的视线透过宽大的落地窗，落在很远的地方。右手握在左臂的文身上，盖住了耶稣受难的脸。"是的，你的直觉没有错。我的暴风骤雨确实在另一个地方。那个女人，是我的劫难。"

　　"《圣经》里说：'说谎的蛇是恶魔，女人是原罪。有一天，洪水会毁灭这个世界，冲走女人的罪。'三年前，我第一次去教堂，她就坐在我的旁边，这是她对我说的第一句话。

　　她说：'我们都是有罪的，从母亲的腹中就带着罪孽出生。只有虔诚的信奉主耶稣，虔诚地忏悔，方能得到拯救。'

　　我问她，主如何拯救我们？

　　她说：'当污浊的大地被洪水淹没，诺亚方舟会再次出现，纯洁的灵魂会得到拯救，那会是一个完美的世界。'她把手指放在额头、胸口、左肩和右肩，闭上眼睛双手合十，嘴里默念：'因父及子及圣神之名，愿我们的罪孽得到宽恕，阿门！'。

　　那一天，阳光透过教堂彩色的琉璃天窗照进来，照在她脸上，有一种朝圣般的光芒。我觉得好像是在梦里，面前的女人美得不真实。我模仿她的样子做了一遍，'因父及子及圣神之名，愿我们的罪孽得到宽恕，阿门！'。忽然心里的黑洞像被刺破，透进来一束光。我以为，我找到了我风雨飘摇的世界里那一架'诺亚方舟'，就是她。

　　我想，我是可以为她付出一切的，包括生命。每个周日我都陪她去各个教堂，做礼拜和祷告。然而，她一直无法真正接纳我的感情。在基督教里，婚姻之外的爱情是罪孽深重的。为此，我与李丽提出离婚，我想抛开一切，全心全意和她在一起。可谁知道，李丽死不放手，这个婚一离就是三年。

三年之中，发生了太多事情。与她在一起几个月后，我开始察觉到她有一些精神问题。对很多事情的看法偏激、多疑，时常抑郁发作，会深夜跑到教堂里去做忏悔，甚至有妄想，认为自己是传说中的'帝王燕'，注定要嫁给帝王之才。她的状态无法工作，没有收入，却到处捐献钱财。没有钱了就找我'借'，我看她一副愁容，心里不忍，就每次都给她。这些年，前前后后一共给了她三百多万元，身边所有能借钱的人几乎都被我借光了，我还不敢让家里知道，怕父母受不了刺激。而她，一边花着我的钱，一边骂我'衣冠禽兽'，说我让她背负了罪孽，对我极其冷淡，不到缺钱绝不找我。如此这样，纠缠了三年，直到最后，实在是经济上完全被她拖垮，我才不得不放手。

想想，也觉得讽刺。这三年来，我都在执着些什么？婚终于是离了，可这天翻地覆的一场闹剧又有什么意义？钱这个东西很要命，你可以不看重它，然而，它却会让你怀疑很多事。比如，感情的真伪、人性的善恶以及尊严的重量。对于她，我爱过、执着过、自不量力、也拼尽全力过，只可惜，我捧出一颗真心，却被她摔在脚下踩成烂泥。这一切于她，不过是一时糊涂的耻辱和罪孽而已。"

墨远自嘲地笑，拍了拍自己的左臂："这幅耶稣受难图，就是为她文的。她信主，信得那么虔诚，我想理解她的精神世界，想让她开心，于是就文了这个图案。结果，她看了一眼，说，这是罪过，普通的文身师怎么能随便文绣主的样子？古人言'世上无限丹青手，一片伤心画不成'。这是主的受难图，普通人怎么能懂主的悲伤、怎么可以随意成画？为此，她跟我大闹了几场，之后便断了联系。最后一次她给我打电话，是上周末夜里。简单寒暄了几句，又张口'借'钱，只借 400 元。我说，我没有。她说，那算了。就挂了。这一次，我没有失眠，挂掉电话就睡了。一夜无梦，直到天明。"

我看着墨远的花臂，仔细打量了一番，说："嗯，其实我觉得画得很好，主耶稣的表情很生动，整个构图和用色都不错。她怎么就不喜欢呢？"

墨远无奈地摇摇头："一个文身师，圈内很有名。我跟他说了我的故事，他就给我文了这幅图。他说，你女朋友会喜欢的。可谁知道呢？我永远搞不懂，她心里到底在想什么。"

"你爱她吗？"我问。

墨远有些诧异，"当然。为什么这么问？"

我说："我只是忽然有种错觉，觉得你似乎爱的不是她，而是你自己的爱情。"

墨远怔愣了一下，待在原地。

我拿过手边的杯子，续满水，递到他的手上。我说："但她有句话说得好，很像你——'世上无限丹青手，一片伤心画不成'。"

第四次会面

最后一个周四，下午，墨远早到了半个小时。

没有敲门，他静静地站在门口等着。我中途想去楼下取快递，打开门，见他笔直地立在门口，吓了一跳。

墨远有些尴尬，进屋后不断道歉。

我说，没关系，别放在心上。之后给他倒了水，请他在窗边坐下。

我问他："今天怎么来这么早？"

墨远似乎欲言又止。想了想，只说："想跟你多聊一会。"

我留意到他神色有些不对。

我问："是最近发生了什么吗？"

墨远呆呆地望着窗外，一副出神的样子。过了一会，摇摇头，说："没有。对了，昨晚我做了一个梦，你想听听吗？"

我说："好，我听着。"

墨远语速很慢，很平静，好像在讲述一件久远的往事。"那是一个很长很长的梦。梦里，我和你，像一对普通的夫妻，生儿育女、柴米油盐，过着简单平静的生活，就这样，过了一辈子，直到很老很老。"

说完，他停下来看着我，不再说话。

我看着他，沉默了一会。我说："墨远，你期待我如何回应你？"

墨远笑笑说："不用。你不用回应我。因为明天，我就要回去服刑了。别紧张，我不是杀人犯，一桩经济案，和上次我跟你说的三百万欠款有关。为了她，我曾付出自己的全世界，而到头来，却是自己被全世界所抛弃。你问我，爱的到底是她，还是自己的爱情。这个问题，我想了很久。我想，你是对的，我到底还是和自己谈了场恋爱。我爱的，自始至终，不过是自己对爱情的幻觉罢了。"

墨远停顿了一会，接着说："谢谢你，在我保释就医的一个月里，温暖地出现。对于你，我只有感激，没有奢求。所以，你什么都不用回应我。如果可能的话，记得我就好。四年以后，我服刑期满，希望你还愿意再见到我。"

临走的时候，我说："墨远，我们可以拥抱一下吗？我会记得你。四年不长，照顾好自己，后会有期。"

墨远转过身，微笑，给了我一个轻轻地拥抱。那样轻，小心翼翼，仿佛我是一个肥皂泡，稍微用力就会碎掉。

他走后，我望着咨询室里那挂满一墙的证书，出神了很久。

我想起，初见那天，阳光明亮。他就站在这里，背对着我。

"你们咨询师的证书是从同一个地方批发来的吗？……"

他把手放在心脏的位置："唐老师这样真的好吗？刚见面就给我插上一刀。"

我想，我会记得他。一如初见的样子。

人生，若只如初见。

案例故事 3　我不爱异性，请给我祝福

[题记]

这个世界有太多遗憾和不自由。而我希望，他可以是幸福的那一个。

第一次会面

初次见到森然，是一个周日的上午。

初秋的阳光很好，暖暖地照进咨询室，照在对面他白色的纯棉 T 恤上。整个人看起来非常干净，胡须仔细地刮过，身上有淡淡古龙水味道，牛仔裤，浅色帆布鞋，让人一眼看过去就印象

深刻。

案主：林森然，男，33 岁，供职于一家外企科技公司，做财务工作。职业稳定，经济状况良好。单身，因情感问题前来咨询。

简单的寒暄过后，我们进入正题。森然一边开始讲述他的故事，一边从背包里取出随身杯，放在茶几上，顺手轻轻移开我刚递给他的水杯。

那是一只通体透明的便携水壶，精致小巧，装上水晶莹剔透。一如他整个人散发出来的气息，极致整洁，一尘不染。

森然的情感故事，听起来和大多数同龄人别无二致。

大学开始恋爱，初恋懵懂而短暂。大二的时候喜欢上一个女孩，因毕业而分手。之后，森然去美国留学，又回国工作，其间辗转 13 年，经历过 4 段感情，纷纷无疾而终……森然说得很慢，叙述平淡而概括，一边说一边犹豫，言辞隐约闪烁。

我感觉他似乎有话想说，却说不出来。于是，我问他："森然，这几段感情中，哪一段让你最难忘？"

森然面露难色，迟疑了一会儿："都还好吧，其实对我来说都差不多……"他似乎想多解释一下，却又卡在那里，不知如何表达。

我看着他，耐心地点头，鼓励他说下去。

他却避开我的目光，望向窗外，呆呆地出神，好像陷入某种思考当中。

见他久未开口，我接着问："森然，刚才你提到，其中一个女孩分手时说，你根本不爱她，你只爱你自己。对于这句话，你怎么看？"

森然没有动，仍望着窗外。过了许久，似乎自言自语："不是的，我当然爱她，我只是无法忍受和她生活在一起……确切地说，无法忍受她们当中的任何一个。在感情上，我是个认真的人，我只是……"森然很艰难地挤出后半句，"受不了她们的……脏……真的，你可能难以理解，我无法每天和她们共用同一个卫生间，睡在同一张床上，那太可怕了，我会恶心，会真的呕吐出来。"

森然抬起头，直视我的眼睛："唐老师，你能理解吗？你说，我是不是变态？"他的眼泪死死地压在眼眶里，暗潮汹涌。"你知道吗，我常常做噩梦，梦见她们哭着骂我，你这个该死的变态，变态、变态、变态！每次醒来的时候，我讨厌自己、鄙视自己；每当父母催我交女朋友，我都会和他们崩溃大吵……我就是个变态，对不对？"

"森然，能告诉我，在你看来'变态'意味着什么吗？"我问他。

"意味着我是个怪物——丑陋，畸形，被人嘲笑，被人鄙视！"森然抬起手掌挡住眼睛，只露出唇角倔强悲伤的弧度。

"森然，我能理解。我能'感受'你的感受。我知道，你不是怪物，也不是变态。你只是一个独特的自己。你只是需要一点时间，去调整自己和生活的关系。我们每个人，生而不同，内心都有无法被他人理解的部分，那不是变态，只是独特。如果你不喜欢这种独特，我们也可以想办法改变它。就像今天你来到这里，就已经是改变的开始。"

我用温和低缓的语气陪伴和疏解他，直到他的情绪渐渐平复。

之后，我请他尝试去回忆，最初是从何时开始，觉得女性"脏"，这种"脏"是怎样一种感觉，以及具体哪些情况会让他觉得"恶心"。

森然说，想不起来了。好像从小到大都有这种模糊的感觉，说不上原因。但并非对所有女性都排斥，只是对自己的女朋友。在同居以后，会觉得她们很"脏"。例如，她们来例假期间，或者不小心看见她们穿过的内裤，或者她们衣着暴露时，都会让他觉得"恶心"，这种"恶心"甚至会真的让他呕吐。所以，森然对女朋友要求严苛，包括：例假期间不能与他同床，不能让他看见用过的卫生巾；穿过的内裤必须立刻洗掉，不能让他发现；在家也要穿戴整齐，不能衣着暴露，甚至性生活的时候也不能脱掉衣服。因为这些，他与女朋友的性生活很少，且不愉快。

森然认为，自己的性功能没有问题，只是无法摆脱这种"脏"的困扰，所以不想碰她们。对于女性，森然在情感上的依赖大于生理上的渴望。每一段感情，从开始走到最后，都以对方的忍无可忍告终。然而，从头到尾，森然从未对任何一个女朋友坦诚过真实的原因。她们只知道他有洁癖，洁癖到无可理喻。

从精神分析的视角而言，一个人的问题行为模式，往往与他早年的创伤经历密切相关。我们的潜意识出于自我保护，会让我们遗忘那些造成伤害的痛苦回忆。然后在记忆中，把一切合理的线索关联起来，得出一个模糊的解释。久而久之，便产生了症状，而忘记了源头。

森然就是这样，想不起最初的原因，只记得模糊的感觉——"脏"，并为之深深困扰。

对此，精神分析大师弗洛伊德的治疗观点是：找到创伤的源头，就是治愈的开始。

森然也赞成这个思路。他说，自己也很想知道这个困扰他多年的感受到底是从哪来的。于是我们决定：在接下来的咨询中引入催眠疗法，试试在催眠状态下，能否找到有帮助的线索。

第二次会面

第二周，周五，下午 3 点。

森然匆匆赶到咨询室。刚结束了公司的重要会议，一路赶过来，森然还穿着正装，带着工作状态下严谨淡漠的表情，仍然是极致整洁，一尘不染。

今天，我们打算探讨关于童年和家庭方面的话题。之后，做一个简单的催眠，测试一下敏感度，为下一步的"催眠回溯"做准备。

童年一直是森然不愿谈及的部分。用他的话说："没什么可聊的，记忆很淡，索然无味。"

森然出生在湖南湘西一个小县城，是家中独子。父母年轻时在粮油公司做运输工人，24小时三班倒的工作让他们无法照看孩子。于是，从记事起，森然便和爷爷奶奶生活在邻近的小镇上。另有两个表哥和一个表弟，与他年龄相仿，也都寄养在爷爷奶奶家中。

在森然的记忆中，和父母相处的时间少得可怜。他们偶尔会来接他，去县城里住上几天。但森然并不期盼这样的时光：父亲和母亲每天吵架，然后父亲摔门而去，到路边去找人下棋、打牌。妈妈在家里边哭边骂，哭完了接着洗衣做饭，没有时间也没有心情和森然说话。森然只能自己到院子里玩。

　　森然记得，那时候特别羡慕一个邻居家的小孩。他的爸爸会在傍晚的时候，搬一张板凳坐在院子中间，给孩子们讲《西游记》。他的妈妈会切一盆西瓜端出来，给孩子们吃。

　　"那时，我常常幻想自己住在那个小孩的家里，他的爸爸妈妈变成我的爸爸妈妈……我不喜欢我的家。在家里，我就像空气，无论站着坐着，都没有人看得见。"森然的声音里，有淡淡自嘲的情绪。

　　森然从小性格内向，在爷爷奶奶家他是最乖的一个。白天，爷爷和家族里的叔伯们驾船出去打鱼，奶奶在家种菜、喂鸡，森然和哥哥弟弟们就在附近玩耍。男孩子们淘气，常常把衣服弄得很脏。但每次森然都尽力保持干净，不闯祸，不惹奶奶生气。奶奶是个普通的农村妇女，平时和森然的情感交流也不多。她常说年纪大了，带不了这么多孩子，想让森然的父母把他接回去。而森然不想被送走，他不想看着父母天天吵架。所以，森然极尽可能地小心，少给奶奶添麻烦，这样就可以继续留在这里。

　　然而，6 岁那年，森然还是不得不离开。奶奶家附近没有学校，他只能回到父母所在的县城上学。此后，森然开始适应寄宿制的学校生活。从小学到大学，他一直自律而优秀，没让父母操过心。

高中时，父亲和朋友合伙做化肥生意，赚了些钱，等到森然大学毕业，便送他去美国念了书。

父亲说："咱家也算出了一个光宗耀祖的人。"

这是森然第一次，也是从小到大唯一一次，听见父亲夸自己。为了这句话，森然激动得一夜无眠。

有时候，森然想：父母这辈子打打闹闹，没有爱情，一凑合就是几十年，却也不离婚。这样的婚姻有意义吗？如果这就是婚姻，那自己情愿永远不要结婚。

森然说，其实每次和女朋友分手后，他都如释重负。在恋爱中，他最害怕她们提出结婚。他完全没办法面对婚姻，那简直是噩梦般的想象。他害怕自己的一辈子再被埋葬在父母一般的婚姻里。

除此之外，在生活中，森然也极度缺乏安全感：常常担心周围的人讨厌和排斥自己；在工作上也很不自信，总担心自己做得不够好，特别渴望得到上司的认可；同时，还有"洁癖"的生活方式。似乎内心总有一个声音，在不断告诫自己，必须保持干净才能得到周围人的接纳。所有这些，都和小时候在奶奶家小心翼翼的生活有关。

听了森然的故事，我对他有了更深的理解。童年动荡的成长经历，父母失败的婚姻，都给他内心留下了深刻的阴影。所以他才会在成年后的生活中，在每一段亲密关系里，都严重缺乏安全感，日日过得惶恐不安。

森然也意识到，那些童年往事纵然过去了那么久，仍在自己身上留下深刻的印记。他担心地问："唐老师，我这种情况还有救吗？大概需要多久才能治好？我会不会后半生都活在无止境的焦虑里？"

我说："森然，放心，不会的。人都有自愈功能，无论是身体，还是心灵。我们只是需要一点时间，对过去做一些梳理，让自己从不同的视角去看待和理解往事，去接纳和修通内心的淤堵。要知道，'冰冻三尺非一日之寒'，长久以来形成的问题，也难以在朝夕之间化解。在自我成长和心理疗愈的路途上，'慢'就是'快'。我们需要耐心和勇气，去穿越过往漫长的黑暗，让岁月里的坚冰一点一点融化开来。所以，不要着急，要充满信心。这一段自我探索和疗愈的旅途，会让你找到内心的力量，在未来的日子，活成自己喜欢的样子。在这个过程中，我会一直陪伴着你，和你一起努力。"

之后，我花了大约 30 分钟，给森然做了一组简单的催眠测试。森然的敏感度很好，在催眠状态下感受到了很多丰富的细节。于是我们决定：在下一次的咨询中，尝试"催眠回溯疗法"，帮助他去寻找更多有用的线索。

第三次会面

两周后，周六上午，再次见到森然。

这期间，他出差去了一趟大连。

森然说："那一天的星海广场，傍晚的海滩霞光万丈，我和同事就坐在海边，喝啤酒，看大海。那一刻，忽然明白了许多事。从小到大，我都为了别人的满意而活着——奶奶要我衣服干净，父母要我学习好，让他们有面子，女朋友们要我回报她们爱情……可是，不管我做到了、还是没做到，我都不快乐！ 为什么要这样生活？ 每个人的生命都只有一次，应该用来做让自己快乐的事。这样，等我老了，才会觉得这辈子没有白活。"

听起来，森然似乎有些不同了。

有时候，人的成长是一瞬间的事情。就像装在易拉罐里的可乐，一直被反复摇晃，当缝隙终于裂开，便整个喷薄而出。瞬间，易拉罐就轻盈了。

接下来的时间里，按原定计划，我们开始"催眠回溯"，探寻记忆中的线索，看看是否能找到什么，可以解释"女性很脏"这种感觉。

催眠导入的过程很顺利，当森然到达理想的深度，我给出暗示："现在，请你在记忆中去寻找那个特别的事件点——在哪一天、哪个时间，有什么人、发生了什么事，造成了你觉得'女性很脏'的这种感觉……请你在记忆深处寻找……让所有细碎的片段，变得越来越清晰，越来越清晰……在深深的催眠状态下，你的记忆力变得越来越敏锐，你可以回想起任何与此有关的事情……在你的记忆深处去寻找那个画面，造成你觉得'女性很脏'的那个事件点……当你找到了，你就可以轻轻地开口告诉我……"

　　在深深的催眠状态中，森然紧闭的双眼不断轻轻眨动，他在记忆中努力搜寻着。过了大约两分钟，森然有些艰难地开口："是一次春游，高中时候，全班一起去的。我们在一个简陋的路边饭馆吃午饭。之后我去上厕所……这里只有一个厕所，很简陋，男女通用，要排很长的队……排到我了……"森然突然不说话了，脸上露出很难受的表情。

　　"你看见什么了？"我问他。

　　森然不断的摇头，脸上的表情更加难受："我要出去，让我出去……我想吐……"

　　"等一下我会从3数到1，当我数到1时，你就会去到外面一个远离厕所的安全地带。3——2——1，现在你已经出来了。你在一个安全的地方，这里远离刚才那个厕所，你非常安全。在你面前，有一个金色光线做成的美丽的大泡泡，它充满了净化和疗愈的能量，它能带走你身上所有的不舒服，让你整个身心变得干净通透。现在，请你走进这个大泡泡，让它带着你轻轻地飘浮起来，离开刚才那个场景，慢慢地飘去你喜欢的那个大连的海滩……"我知道，森然已经找到了与此有关的线索，但我希望，回忆中那种不舒服的感觉，不要延伸到现实中来。所以，我把他带去海边，让他放松一下，再带着轻松的心情清醒过来。

醒来以后，森然告诉我，在催眠中，他记起那个男女共用的卫生间里，满地乱七八糟丢弃着用过的卫生巾，散发着恶臭，他记得当时他就冲出卫生间呕吐了。

我想，现在我能理解森然说的"恶心"是什么意思了。大概在他的潜意识里，把刚才那一幕和女性本身联系了起来。也许一开始，只是针对女性的卫生巾，或者例假，后来渐渐泛化，便觉得女性的其他特点也"恶心"了。

森然说，这件事情他已经遗忘了很久，而再一次回想起来，那种冲击还是很强烈。他说，之前一直怕看见女友丢弃的卫生巾，每每让他呕吐，想来该是和这件事有关系。

末了，森然问我："唐老师，想起这个根源事件以后，要怎样做才能消除'恶心'的困扰？"

我说："弗洛伊德认为，潜意识的'意识化'，就能缓解症状本身。也就是说，大多数人在想起这个根源事件以后，症状就会自行缓解或消退。森然，你可以试试看，然后下次跟我分享与此有关的进展。"

第四次会面

又过了两周，还是周六上午。

森然看起来气色不错，表情舒缓，衣着舒适，褪去之前的拘谨，言谈间，笑容也渐渐多了。看见这样的他，我也如沐春风。

森然说，上次催眠以后，感觉轻松了不少。以前好像心里总被堵着，现在渐渐透亮起来。并且还想起了更多小时候的事，跟现在的状况也有重要关联。

森然说，小时候父母吵架，父亲总会骂母亲"脏"。说她"不要脸，做了见不得人的事"，而母亲只默默在一边哭，什么话都说不出来。直到高中，森然才隐约明白，是因为母亲在嫁给父亲之前，曾和同村另一男子有过恋爱关系，后因双方家人反对而分开。父亲很介意这件事，吵架时总会翻出来攻击母亲。

除此之外，父亲对森然的态度也一直很冷淡。直到有一次，中学组织体检，父亲无意间看到森然的体检报告，指着血型一栏说："你也是 A 型？"之后，意味深长地看了他一眼，没有再说什么。森然当时心里怪怪的，说不上来的感觉。后来森然猜测，大概父亲一直怀疑，他不是自己亲生的，直到看见血型（父亲的血型也是 A 型），心里才确认了这个儿子。从那以后，父亲对森然的态度大有改善，也才有了后面对他说的话："咱家也算出了一个光宗耀祖的人。"

回想起这些，并不是愉快的感受。但森然说，能找到答案总是好的，真相虽冷酷，至少好过糊里糊涂的痛苦。

森然说，现在回想起来，自己觉得女朋友很"脏"，不喜欢她们衣着暴露，性生活不能接受她们脱衣服，大概和小时候父亲对母亲的辱骂有关。虽然心里对女朋友是爱的，但那个"脏"字却始终横亘在脑海，挥之不去。

说到这里，我忽然想，也许，森然不愿女朋友在自己面前暴露身体，从心理学的角度，也可能是他潜意识里对母亲的"保护"——女朋友在潜意识中象征着他的母亲，如果母亲不在男性面前暴露身体，就不会"变脏"——在精神分析里，这种"保护"也被叫作"替代防御"。因为孩子对母亲天然的爱，以及牢牢印在脑海里的"脏"字之间，不断形成心理冲突，森然才会在面对女朋友时，产生那种"无法忍受"的感觉。对于这个分析，森然也很认可。

另一方面，森然曾提起，生活中常常担心被人排斥和拒绝，在工作上特别需要上司的认可。精神分析学认为：上司在人的潜意识中，充当着类似父亲的角色。森然父亲内心对儿子身份的不肯定（或者说不接纳），多年来对森然的冷淡，以及森然在奶奶家的童年经历，一起导致了他极度缺乏人际安全感，所以才会担心被排斥，渴望寻求父亲形象（上司）的认可。

森然说，这些年来，总感觉胸口压着一块大石头，让自己喘不过气。而今天，知道了这些，好像那块石头终于可以放下来，自己终于可以深深的呼吸。

森然说："原来，变态的不是我，而是他们——彼此没有感情、互相怨恨，还要死撑着在一起，相互折磨，还要生下我，让我活得像孤魂野鬼。"森然的语气中有埋怨，有愤怒，而更多的，是无奈。沉默了一会，森然接着说："也许，真的是他们那个年代没有选择吧，如果有选择的话，谁又愿意这样活着？……我，不会像他们，一辈子守着这样的婚姻，和无期徒刑有什么区别？如果我无法给一个孩子幸福，我根本就不会把他带到这个世界上来。"

"是的，森然，"我说，"你是有选择的。你可以、也有能力，为你自己、也为你的父母，活出你们一直渴望的自由。"

咨询的末尾，我再次为森然导入催眠，给他暗示治疗："那些发生过的，已经离你远去，不会再影响到你现在的生活。从今往后，任何情境下，当你面对女性的时候，都可以轻松从容，愉悦地与她们相处。在生活和工作中，你可以处处感觉到周围人对你的接纳和善意，感觉到自己是受欢迎的、快乐的、喜悦幸福的……"

第五次会面

六个星期后，周日上午。

森然又一次约见我。他看上去精神不错。

森然说，最近生活发生了很多改变，他想与我分享这些惊喜。

前些日子，在骑行俱乐部森然认识了一位朋友，是与他年龄相仿的男生。和森然一样，他喜欢游泳、骑行，弹得一手好吉他。森然说，他也是一个有故事的人。

他们第一次见面是在后海的一个酒吧。沿着湖边坐下，喝啤酒，聊天，直到天色蒙蒙亮，才依依不舍地各自回家。那种感觉，好像上辈子就认识一样，说不完的话，舍不得分开。

后来，那个男生决定搬来和他一起住。正好两个人的公司也离得近，彼此有个伴，下班一起吃饭、运动、娱乐，生活也有趣。渐渐的，他们相爱了。

森然说，他喜欢现在的生活，现在的状态。完全不会去想什么交不交女朋友、什么恶不恶心之类的事情。当下就很好。他说："这些年的阴霾总算过去，现在才是一切的开始。我会听从自己的内心，去过让自己快乐的生活。"

我听着森然说他的故事，由衷为他感到欣慰。

我想，不论他的选择是什么，无论他的伴侣是男性，还是女性，只要他快乐，只要他热爱这种生活，这就足够了。

这个世界太多遗憾和不自由，而我希望，他可以是幸福的那一个。

案例故事 4　一场游戏一场梦

［题记］

她把手贴在列车的车窗上，透过玻璃抚摸照进来的阳光。

她说："那感觉就像我的爱情，带来瞬间的温暖，却无法握住。因为，它根本不属于这里，它只属于网络那个虚幻的世界。"

2017 年，初冬。北京城。傍晚。

很少有人把咨询约在下午 5 点 30 分。天色已暗淡。透过工作室宽大的落地窗，二环路上拥堵的车辆拖着霓红的尾灯，好像涌动的潮水，裹挟着这个城市的浮躁与不安，一浪又一浪，延伸向远方。温黄的路灯一路璀璨，像天上的银河落入海面的倒影。

我看了看表，还差五分钟，来访者大概得迟到了。没有人可以在这个时段，准时到达 CBD。然而，这个念头刚刚闪过，敲门声就响了起来。

门外是个年轻女孩，穿着焦糖色的毛呢外套，长发披散下来，戴着时下流行的黑框眼镜。她摘下耳机，抬起好看的脸，扯出一个勉强的微笑，走了进来。

案主：玲珑，京城一所知名高校的大四女生，因为网络恋情的困扰前来咨询。

第一次会面

玲珑在靠窗的沙发上坐下来。一边把手里的 IPAD 和耳机胡乱塞进背包，一边说，7 点半在国贸有华尔街的英语课，希望赶过去不会迟到。我看到她背包里露出单词书的一角：雅思词汇。

"是准备出国吗？"我问。

她笑了笑，摇头，说："没有，只想给自己找点事情做。没有什么比备考更能解决失恋。"她用手扶了扶鼻梁上的眼镜，我这才留意到那是一个空旷的镜架，没有镜片。

玲珑的视线透过宽大的落地玻璃，落在窗外灯火闪烁的二环路上。她的声音很轻，像在自言自语："唐老师，你说什么是真正的爱情？是灵魂的相互吸引，还是现实的朝夕相伴？"

我看着她，年轻的脸上写满忧伤。我问她："玲珑，愿意跟我说说发生了什么事吗？"

玲珑的声音里有深深的迷惘，她说："我不知该如何说起。他好像深刻地存在过，又好像虚构的幻想。我甚至没有见过他真正的样子。唐老师，你相信网络爱情吗？网游里的爱情，就像《微微一笑很倾城》那种。"

我说："我没有经历过，但我会尽量去理解你。"
玲珑点点头，开始诉说她的故事。

一年前，玲珑在手机上开始玩一款网络游戏，在游戏中加入了一个"帮派"。帮派的帮主是一个男孩，很有侠义风范。从玲珑加入开始，男孩就对她很是照顾。作为新玩家，玲珑的等级很低，在游戏中常常被人欺负，打怪也打不过。于是帮主给她装备、带她练级、给她钱、保护她，无数次的救她于危难。在游戏中还常常与她私聊，非常温柔贴心。

本来男孩已经与游戏中另一女玩家"结婚"，但因为对她太好，那个女玩家吃醋，与男孩闹别扭，还在帮派中说她的坏话。男孩为了维护玲珑，与那位女玩家闹翻"离婚"。帮派中有七八个成员对此很不满，也跟随女玩家一起退出了帮派。男孩不为所动，甚至没有挽留，继续对玲珑关怀备至。玲珑很是感动，对男孩好感更深。在之后的一个月内，玲珑与男孩一起努力，重建和壮大了帮派。

这件事以后，帮派中的成员都说，帮主爱上玲珑了。比如玲珑没有上线的时候，男孩就心不在焉，状态不佳。有时男孩忽然有事要提前下线，会请帮派中的人带话给玲珑。只要听说有谁欺负了玲珑，男孩就会跑去修理对方，为她出气。所有的一切都让玲珑觉得，男孩很在乎她，她也为此心怀甜蜜。

渐渐的，他们开始聊微信、打电话、发照片。男孩甚至把自己的游戏账号和密码都交给玲珑。那个账号价值不菲，市值大约二十万元人民币。这让玲珑很踏实，越发觉得男孩把她看得很重要。玲珑也开始把男孩当作现实中的恋人。男孩告诉玲珑，自己比她大六岁，在另一个城市生活和工作。但玲珑不在乎，她觉得自己可以为爱走天涯，只要有他的爱，距离不是不可逾越的鸿沟。

眼看大学即将毕业，玲珑想去男孩所在的城市找他，打算以后在那里工作，和男孩幸福地生活在一起。玲珑本以为，男孩听到她的想法会高兴。不料，男孩却对此非常反对，反复劝阻玲珑不要去，并且对她的态度忽然转冷。微信电话都剧减，游戏也很少上了。这让玲珑很不安，百思不得其解。

朋友都对玲珑说，男孩是个感情骗子，只想跟她玩玩暧昧而已，根本不是认真的。但玲珑不相信，她担心男孩是不是出事了，或者，有什么难言之隐。于是，在心里不断为他找各种理由和借口。直到男孩最终音信全无，玲珑终于承认，无法再自欺欺人下去。

故事讲完，玲珑沉默了很久。

"唐老师，你说他爱我吗？如果不爱，这一年来，他对我的付出又是为了什么？"玲珑的声音里尽是疲惫。

我看着她的眼睛，里面的悲伤像夜色下的潮水，顷刻满溢出来。我摇摇头，说："我不知道，玲珑，我不是他，无法知道他的想法。也许，就连他自己也分不清吧，这到底是爱，还是寂寞？"

"那我为什么这么爱他？我真的控制不了自己去想他。"玲珑的眼泪掉了下来。

"玲珑，你爱的是他，还是自己的想象？你爱的是这个素未谋面的男孩，还是自己的爱情？好好想一想，你的心会给你答案。"我的声音轻柔而缓慢。

玲珑一边哭泣一边摇头。"我不知道，我真的不知道……唐老师，你能帮帮我吗？"她抬起满脸的泪水看向我，"我听说催眠里有一种'前世回溯疗法'，可以看到人前世的缘分。我想看看我和他的缘分，到底是怎样的。为什么今生他要这样对我？"

我犹豫了一下，说："玲珑，催眠疗法里的'前世回溯'或许和我们日常的理解有一点不同。它是一项心理治疗技术的名字，强调治疗效果，而并不去论证所谓'前世'这件事情的真实性。从心理学角度，我们认为所谓的'前世景象'其实是我们潜意识的'投射'，就好像'日有所思，夜有所梦'。在催眠状态下，潜意识幻想出一个充满情节的故事，以满足我们深层的心理需求，这个故事呈现的方式，就是所谓的'前世记忆'。当心理需求得到满足，心理问题得以缓解，'前世回溯疗法'的疗效就出现了。"

玲珑很认真地听着。待我讲完，仍坚持道："唐老师，我不在乎所谓前世到底是不是真的，存不存在，我只想了解我和他的缘分究竟有着怎样的纠葛。不管是潜意识构想出来的故事，还是真正的前世，都不重要。我想，我只需要一个解释，能够让自己甘心就好。"

我点点头，我明白，世间最难的事，不是说服别人，而是平复自己，让自己能够甘心，才能得到真正的安宁。

我给她解释了什么是催眠、催眠的工作原理，之后做了简单的受暗示性测试。

玲珑的受暗示性很好，我们约定了次日下午，为她尝试前世回溯催眠。

第二次会面

次日下午两点三十分，玲珑如约来到我的咨询室。

没有化妆，整个人看起来疲惫而脆弱。

她说，昨晚尝试用男孩的账号登录游戏，发现密码已经被改了。她给男孩发微信，男孩没有回。她把男孩的微信拉黑。之后，一直睡不着。快天亮的时候，又把他加回来。男孩到现在还没有通过她的好友验证。

玲珑的眼睛肿肿的，像流了一夜的眼泪。

这样的状态其实不适合催眠。一方面，身体过于疲惫，容易在催眠中跌入睡眠。另一方面，大量积压的负面情绪，容易在催眠的过程中爆发，如果处理不好，会导致她在醒来后心情持续抑郁。我告诉玲珑我的担忧，试图说服她，等状态好一些再来做催眠。但玲珑非常倔强，就好像这一次催眠是她的救命稻草，她急切的渴望知道某种答案，以让自己平静下来。我想了想，也许这次催眠，对于她真的有很特别的意义。我决定，尽最大努力成全她。

催眠的导入过程我带得比较快。因为玲珑身体的疲惫，我尽量和她保持高频率的互动，防止她因催眠深度的加深而跌入睡眠。玲珑的敏感度很好，很快便进入了"前世回溯"。

"我不知道我在哪，我是一个小女孩，大概五六岁。我在院子外面，院子里没有人。屋里很乱，也没有人……"玲珑在深度催眠状态下，语速很慢。

我轻轻地问："你知道，你的父母去哪了吗？"

玲珑闭着的眼睛轻轻眨动，像是在寻找些什么。忽然眼泪就掉了下来："他们都死了，被坏人杀了。那些坏人追上来，他们就让我跑，我使劲往前跑，不敢回头，听见后边他们被坏人杀了。"玲珑的眼泪越发汹涌，我赶紧给她暗示："请你轻轻地飘浮起来，飘浮在半空中，保持距离观察这一切，就好像在看一场电影。你是安全的，我就在这里轻轻地保护着你。"

过了一会，玲珑的眼泪渐渐收住，渐渐平静下来。她在催眠状态中继续回溯："有人来了，是一个中年男人，他在山里砍柴，发现我在哭，就把我领回家……他给我粥喝，收留了我，让我叫他爸爸。"

玲珑在深深的催眠状态中，脸上露出了浅浅的笑容："我们家里很穷，我和爸爸相依为命。每天爸爸上山砍柴，我就跟在他身后。砍完柴，我们去集市上把柴火卖了，买回一些杂粮，回家煮粥喝。爸爸为了抚养我，一辈子没有娶亲，把钱都攒起来，说要给我置办一套好嫁妆，嫁一户好人家。"

"我结婚了，嫁到了镇上一户小康人家的家里。我的丈夫和家人都对我很好。我有了两个孩子，都是男孩。爸爸没有和我们住在一起，他怕给我添麻烦，自己又住回了山里。"

"爸爸病了，咳嗽得厉害。大夫说，拖得太久治不好了。我很伤心，爸爸让我别难过，说他没事，过几天就好了。"

玲珑的声音渐渐呜咽，眼泪流了下来："爸爸去世了。我还没来得及孝顺他……他的一生太苦，把所有好的都给了我，自己就这样离开了……"

看得出，玲珑对那一世的"爸爸"情感依恋很深。于是，我引导她去与"爸爸"做告别："在那一世，爸爸已经离开了。你有什么话想要对爸爸说吗？"

玲珑轻轻地点头："爸爸，我舍不得你，虽然你不是我的亲生父亲，却比亲生父亲还要疼我爱我，用尽一生想让我过上好日子。谢谢你。来世我一定好好地报答你。我爱你，爸爸。"玲珑的脸上，布满了温暖的眼泪。

过了一会，待玲珑的情绪渐渐平复，我接着引导她完成后面的回溯。

"我也老了，大概60岁。孩子们都长大离开我了，我的丈夫也去世了。我一个人住，养了一只小狗。我的后半生都沉浸在对爸爸的思念中。我不留恋活着，我也想走了。在另一个世界，就可以和爸爸团聚了。"

"我死了，是病死的。身边一个人也没有，只有我的小狗。我很高兴，这一世终于结束了，终于解脱了……"

玲珑长长地吐出一口气，结束了疲惫的一生。她在安静中休息，面容看起来安适而平静。

　　我轻轻地引导她："对于刚才过去的那一世，你有什么样的感悟吗？"

　　玲珑在深度的催眠状态中，她沉默了一会，缓慢的开口："那一世，很幸福也很孤独。幸福，是因为和爸爸相依为命的每一天。孤独，是因为爸爸去世后的那些年。我舍不得爸爸，我想永远和他在一起，我知道爸爸也舍不得我，他也会回来找我……"

　　说着，玲珑闭着的眼睛微微眨动，像是想起了什么，"我明白了"，玲珑忽然说道，"那一世收养我的爸爸，就是今生我在游戏里认识的男友。所以我才会那么依恋他，他在游戏里处处照顾我，那么无微不至，原来真的是他，他就是我前世的爸爸。"玲珑的脸上，又一次布满了温暖的眼泪。

　　我等着她渐渐平复下来，止住泪水不再说话。之后，给出暗示，将她从催眠状态中唤醒。玲珑醒来的很迟，整个人都很疲惫。勉强睁开眼睛，说："好舍不得醒来，就想留在那一世里，永远活在和爸爸相依为命的小时候。"

玲珑把脸埋在手心里，试图让自己清醒过来。我告诉她不必着急，刚才进入的催眠深度太深，所以清醒得比较慢。可以缓一会，慢慢地清醒。我走到外间倒了一杯水，端进来放在她的手心里。

玲珑一边喝水，一边自言自语："难怪，今生会这么依恋他，原来真的是前世欠了他的，所以今生来还。也许这就是我们的缘分，我还完了欠他的，就该离开了。我们注定无法相守一辈子，就像上一世那样……"

说着，玲珑抬起头问我："唐老师，你说，我看到的是真的前世吗？那种感觉太真切了。虽然前世的爸爸长得和他不一样，但我知道，那就是他，肯定是。我看到的就是我们俩前世的缘分，对不对？"

我看着玲珑的眼睛，里边充满期待。我知道，她希望我肯定她的猜测，这个前世故事正是她盼望已久的"答案"。她需要这个答案去平复自己，告诉自己这一年来的深情不是给了一个"网络骗子"，而是给了一个前世相欠的恩人。

我想了想，说："玲珑，我们的潜意识无比智慧，它总是知道我们想要什么，就会把我们的心理需求通过种种方式，投射到现实层面的生活中来。你看到的前世故事，或许，也正是潜意识的一种投射。潜意识通过这个故事，对你现实生活中的困扰做出个性化的解释，以此保护你，减轻你的心理创伤。你觉得呢？看到了这个故事以后，是不是觉得轻松多了，不那么伤心了？"

玲珑点点头，怅然若失。眼神落在手中的杯子里。端着水杯的手，无意识的轻轻绕动。那剩下的半杯水，形成一个小小的漩涡，在杯子里盘旋。

过了很久，玲珑声音低低地说："是的，其实这些我都知道。大三的时候，我辅修过心理学。但我多希望，刚才的前世是真的。至少，我和他有过相亲相爱又能朝夕相处的一世。不像今生，连面都没有见过。"

我轻轻握住她摇晃的手，接过水杯，说："那就相信吧，真的假的又有什么关系？那个前世已经过去，而你今生的故事还要继续。可以带着你所相信的前缘，去面对今生需要直面的考验。"

玲珑看着我的眼睛，深深地点了点头。

第三次会面

七天以后，周四傍晚，还是 5：30，玲珑又一次来到我的工作室。

她说，男孩已经彻底消失。自从上次她拉黑男孩的微信后，男孩就再也没有加过她。她发过去的好友申请也都石沉大海。

玲珑说，交往的这一年里，她曾无数次梦见过这个场景。有时，梦见自己和男孩手牵手走在路上，走着走着，男孩就像融化了一样，消失在空气中。有时，梦见男孩面对面向她走来，却不知怎么，越走越远，她奋力向前奔跑，却无论如何都追不上男孩，只能眼睁睁看着他的身影消失在视线尽头。每次做这样的梦，玲珑都会哭醒。醒来后，很长时间都心有余悸。

玲珑说："以前每次做这样的梦，他都会安慰我，说我想多了，他不会离开我的。可谁知道，我最害怕的事还是发生了。他也消失了，就像多年前我爸爸一样。他们甚至连一句话都没有，就这样轻描淡写的抛弃了我。"

我说："玲珑，能谈谈你的爸爸吗？我们的很多想法、行为模式以及感受，都和生命中的早期经历有关系。特别是我们的异性父母，对我们影响尤其深远。对于孩子而言，心理发展过程中的第一个异性爱慕对象，就是我们的异性父母。这个异性父母留给我们的印象，会成为一种'心理原型'，潜移默化中影响我们的择偶倾向、亲密关系模式以及婚姻质量。所以，或许我们可以从你爸爸身上，找到你内心不安全感的来源以及关于你这段感情的答案。"

玲珑长叹了口气，点点头，开始诉说自己的往事。

童年时代，玲珑曾是个幸福的孩子。母亲是一位大学老师，父亲是一位 IT 工程师。作为家中独女，父母都非常疼爱她。6 岁那年，正逢 IT 行业蓬勃发展，父亲和几位同事一起辞职，创立了一家游戏研发工作室。三年后，父亲的工作室从只有三个人的小屋，搬进了 CBD 的高档写字楼，占据了一整层楼的办公区

域。正当一家人以为苦尽甘来的时候，父亲却突然提出离婚，并在离婚仅仅半年后，与另一位大着肚子的年轻女子举办了婚礼。

一切来得太突然，玲珑的母亲深受打击。心灰意冷之下，从大学辞了职，带着玲珑回到浙江老家，在一家报社安顿下来，做了报社的编辑。

从热闹的北京来到浙江小城，陌生的语言、不同的生活方式、江南的气候都让玲珑感到孤独。她不知道父母之间到底发生了什么，母亲从没有跟她认真解释过，她只知道母亲心中充满怨恨和不平，以至于在家中都不能提起父亲。

回到浙江以后，父亲给她打过几个电话。每次都是简简单单说上几句，都是什么天气好不好，吃没吃饭之类的。她怕妈妈不高兴，也不敢多说。渐渐的，父亲的电话也没了。只是在每年玲珑生日的时候，父亲会给她写上一封长长的信。记忆中，收到父亲来信的日子，是最温暖和开心的。玲珑把信读了又读，反复念着信上的每一个字，然后把信折好，放进一个漂亮的小盒子，藏在衣柜里。这是属于她的美好和珍藏，每封信的最后都写着：

"照顾好自己，爸爸爱你。"

玲珑很努力地学习，她想通过自己的努力，考回北京，在这里上大学。这样，就能见到爸爸了。终于，玲珑的努力没有白费，她用优异的成绩再次把自己带回到北京——这座有着她童年幸福回忆的城市。

回北京的那天，爸爸去机场接她，带她吃好吃的，带她回家，住在舒适的房间里。玲珑很开心，十年不见，爸爸老了，可依然如回忆中那样温暖。晚上，玲珑拿出爸爸写给她的信，整整八封，递到爸爸面前，说："爸爸，这是你写给我的信，你看，我都留得好好的。"她本以为，爸爸会高兴。可不料，爸爸一脸茫然，说："我写给你的信，有吗？"然后从她手上接过信，说："我看看。"

玲珑呆呆地站在原地，看着爸爸打开一封又一封的信，看着他尴尬和迷茫的表情，心里一下都明白了。这些信，根本不是爸爸写的。一定是妈妈，是妈妈知道她想念爸爸，所以请别人给她写的。玲珑的眼泪掉了下来。她默默走回房间，关上门，痛哭了整整一夜。爸爸在外面一直敲门，跟她说了两个多小时的话，可她什么也听不见。她什么也不想听。整整十年的抛弃，还有什么好说的？

第二天清晨，天刚蒙蒙亮，玲珑就收好行李离开了爸爸的家。之后，再也没有回去过，再也没有接过爸爸的电话，也再也没有见过他。

读大学四年来，玲珑一直觉得孤独。追求她的男生很多，但她似乎不能相信爱情，觉得男人都不可靠，没有安全感。所以，一直没有现实中真正的恋情。直到在网络上遇见男孩，她有一种被默默关怀和呵护的感觉，好像小时候收到父亲的信，虽然见不到面，却觉得那样的温暖和安慰，让她沉沦，于是陷入对男孩的依赖。

她忽然很害怕男孩消失，就像小时候害怕爸爸的消失一样。想不到，到头来，自己最担心的事还是发生了。男孩最终也抛弃了她。

听完玲珑的故事，我沉默了很久。我说："玲珑，记不记得我们初次咨询时，我问你的问题？你爱的，到底是他，还是自己的想象？你爱的，是这个素未谋面的男孩，还是自己的爱情？"

玲珑抬起眼睛看着我。许久，又看向窗外。二环路上华灯初上，拥堵的车辆拖着猩红的尾灯，偶尔传来几声汽车鸣笛，是性子急躁的司机按捺不住的压抑。

见她不语，我接着说："玲珑，你知道吗？在心理学上，有一种独特的感情，它和爱情非常相似，却不是爱情，我们把它叫作'移情'。移情是一种假象。它并非我们真正对于对方所产生的感情，而是我们把对另一个人的情感和期待，投射到了对方的身上。也就是说，你以为，你爱的是这个人，其实并不是。他只是一个替身，承载了你对另一个人的感情，以及你对那份感情的心理需求。在你的内心，有一个'心理原型'。'前世回溯'中你的养父，网络游戏里你爱上的男孩，都是这个'原型'的表象。而这个'原型'本身，源自于你的父亲，并且，它是一个理想化的父亲。这个'理想父亲'给予你爱和关怀，默默守护和陪伴你，这些，都是你成长过程中所缺失的情感。所以，你所执着的不单是一份爱情，更是整个少年时代对父爱的渴望。"

玲珑低下头，把脸深深地埋在掌心里，眼泪就流了下来。

第四次会面

再次见到玲珑是两周以后。

这一次，她把咨询时间约在了早晨 10 点。顶着早高峰从学院路赶到东二环不是一件容易的事，但玲珑还是一如既往的准点到达。

初冬的北京，天空湛蓝，阳光很好。透过咨询室的落地窗照进来，让人有瞬间的恍惚，以为是夏天。

玲珑在窗边坐下，表情平静，眼眶下深深的阴影，依稀透露出一段感情将要终结的痕迹。

我给她倒了水，然后坐在对面，等她开口。我知道，这些日子她一定经历许多。

玲珑说："我去找他了。"

我微微一怔："谁？"

玲珑说："那个男生，我网恋的那个。我去了他的城市。你猜，结果如何？"

我说："你见到他了？"

玲珑自嘲的笑，摇头，说："都是假的，从头到尾全都是假的。"

玲珑曾经给男孩寄过一次礼物，男孩当时给过她一个地址，说是自己的公司。玲珑凭着这个地址，买了高铁票，独自去到男孩的城市找他。结果，那个地址是一处出租的居民楼，根本不是公司，里面的租客换了好几波了，也没有人认识男孩。打他的手机，也无人接听。

玲珑在附近找了一家汉庭酒店住下，不断给男孩发微信验证请求，跟他说："我已经在你的城市了，出来见见我。"到了夜里将近12点，男孩终于回话了。他说："你来干什么？你到底想怎么样？"

玲珑问他："是我不够好吗？哪里不好我可以改。我什么都不在乎，只想跟你在一起。你不要再躲着我了好不好？"

男孩说："玲珑，你是一个好姑娘，只是你不明白。这么说吧，你打过牌吗？你知道打牌的时候最无奈的是什么？就是你想要，但你要不起。我就是这样。因为，我身边的那个位置已经有人了。"

男孩承认，在网络上告诉玲珑的信息都是假的。自己并没有经营公司，也已经结婚，还有孩子，不能给玲珑承诺些什么。但这一年来，对她的感情是真的，消失的这段时间，自己也很痛苦，希望玲珑可以原谅他。如果玲珑愿意接受的话，他可以继续这段虚幻的网络恋情。但不能把恋情延伸到现实中来，不能影响他的生活。

玲珑很伤心。虽然对结局早有准备，但看到这些字句从他的微信里发过来，还是心如刀绞。这个微信头像，曾用怎样的温言软语融化她内心的不安与防备，曾在多少个漫漫长夜守护她温暖入眠，曾带给她怎样的幸福与感动，还有对未来生活的甜蜜憧憬。而今，他却亲口告诉她，这一切都是假的。他说："我的身边已经有人了。"他说："玲珑，我爱你，就让我们的感情永远留在网络里吧，别让现实破坏了它的美好。"

玲珑的眼泪像决堤的潮水倾泻下来。在这个陌生的城市，空寂的酒店房间里，玲珑流干了一年来、三百多个日日夜夜、所有的眼泪。她终于可以放下，终于可以不再想他。凌晨天快亮的时候，她给男孩发了一条微信，只有一个字："滚"。之后，把他拉黑，聊天记录删除。

玲珑买了清晨最早班的高铁票，离开了男孩的城市，这座她曾无数次幻想过要和男孩幸福生活在一起的城市。这一次，她离开得干干脆脆，没有留恋。

一切终于结束了。

玲珑把手贴在列车的车窗上，透过玻璃抚摸照进来的阳光。

她说："那感觉就像我的爱情，带来瞬间的温暖，却无法握住。因为，它根本不属于这里，它只属于网络那个虚幻的世界。"

"我好像做了一场好长好长的梦，现在终于醒了。"玲珑看着我，脸上的笑容轻轻淡淡："唐老师，你说得对，我爱的不是他，只是自己对他的幻想。那不是爱情，只是寂寞，只是一场像网游一样盛大华丽的幻觉而已。"

我看着玲珑，窗外的阳光照在她的脸上，像是舞台上的聚光灯，打得她的面容纤毫毕现的真实。

我笑了笑，学着游戏里的声音说："玩家玲珑，欢迎来到现实世界。这里无聊透了，但，你会喜欢的。"

案例故事 5　走出童年，走向远方

[题记]

　　高山告诉我一个有趣的思考。他说：在现实中，我们相信发生的一切都是真的。在梦境中，我们相信发生的一切都是假的。而催眠很特别，刚开始你明知道一切都是假的，但日子久了就渐渐分不清了，你甚至会拥有那段记忆，甚至会觉得它就是真的。

　　催眠，或许就是为了连接梦境和现实而生。

第一次会面

　　高山来找我那天，北京的雾霾尤为严重。透过工作室的落地窗，外面一片模糊，只有建筑物的阴影隐约可辨。高山说，这个城市就是一片沼泽，你一旦进来，就出不去了，你可以选择的，只有挣扎或者认命。

我问他："那你选什么，挣扎，还是认命？"

他想了想，说："应该是挣扎吧，要不怎么来找你了。"

我看了看挂钟，距我们约定的时间早了半个小时。

高山说："反正睡不着，就早些来了。昨晚到现在一点都没睡，也不困。"

我问他："这一宿都干什么呢？"

他说："躺沙发上看片儿，周星驰的《大话西游》。其实挺无聊的，不过里面有一句话很像我。"

我说："哦？哪一句？"

"你看，那个男人好像一只狗。"高山抬起脸，面无表情地看向我，他的手指关节在下面掰出了几声脆响。

案主：高山，男，29岁，某知名外语培训机构教员，教授英语口语。近三个月来，连续失眠，上课时常常口吃，严重影响工作，因此前来咨询。

高山所在的培训机构我略有了解。当年留学英国之前，我曾参加过那家机构的英语培训。印象中，他们的师资个个都是精英，出类拔萃，在业界非常有名。而此刻，坐在我对面的这一位，面容疲惫、神情颓丧、衣着懒散，几乎很难将他与精英讲师的形象联系起来。而且，他还提到"口吃"，对于一个靠口才吃饭的人，这无疑是一场灾难。

所幸，他"口吃"得并不严重，如果他不说，我竟没有注意到。

"是最近发生了什么事情吗？"我问他。

高山沉默了片刻。

"失恋。被人甩了。很怂吧？"他自嘲地一笑。

我："愿意仔细说说吗？"

高山："我和她是前几期集训班认识的。当时她备考雅思，准备去伦敦读MBA，我正好带她那个班。有一次课后，她约我喝咖啡，我们聊得很投缘，后来就在一起了。交往将近一年吧。她比我大一些，她一直很介意这一点。"

我："大多少？"

高山："九岁。我觉得没什么，我喜欢女人成熟些。但她很介意，总说我们之间很难有未来。三个月前，她去了英国，不久就跟我提出分手。"他从裤兜里摸出一个小盒子，打开，放在我跟前的茶几上，里面是一枚精致的钻戒。

"原打算她生日的时候飞过去，给她一个惊喜。现在，只觉得像个笑话……"高山把脸转向窗外，又一次自嘲地笑。

我发现他在伤心的时候，就会露出那种笑，很是凄凉。

我："这……是打算求婚的？"

高山："是啊，很蠢，对吗？以为靠求婚就能拴住一个女人。可惜，她不是那样简单的女人。她只在乎男人是否有利用价值，用完就丢掉。而我，还在到处申请英国学校的 offer，想过去陪她读书，简直愚蠢至极。"

我："关于分手的原因，她怎么看？"

高山："说我们不合适，年龄差太多，她没有安全感。说我不成熟、自私、敏感……各种乱七八糟的理由。我猜是她那边有人了，才扯出了这一堆借口。"

我："后来呢？"

高山："后来就没联系了。她有打过几次电话，我都没接。

没什么好说的。无非是假惺惺地安慰几句，不听也罢。这一阵确实很颓，每天都失眠。有一阵天天喝酒，但也没用，酒醒了又睡不着。白天也昏昏沉沉，不清醒。还有，老毛病又犯了，特别烦。我这几天休假，顺便来你这咨询看看。"

高山说的"老毛病"是指他的"口吃"。这个"口吃"很特别，只针对一个特定的字眼"我"——说话的时候，就会"我——我——我……"，而且只在人多的场合犯，比如，讲课的时候。最近尤为厉害，好几次惹得学员们哄堂大笑，这让高山非常难堪，于是更加紧张。

高山说，这个毛病从他大约 8 岁的时候开始，持续了两年多，之后不知不觉就好了。这次为什么又犯，自己也说不清楚，只觉得很焦虑，感觉自己不受控制，有些恐慌。

"一个人如果连自己的舌头都控制不了，还有什么脸去谈职业发展！"高山又一次自嘲的苦笑。

可以感觉，高山是一个对自己要求很高的人。感情上，事业上，他似乎披着一层坚硬的外壳，保护着自己的骄傲和坚持。只是，他的身体正用一种独特的方式去跟他沟通些什么，他还没有明白过来。而我们这段咨询的意义，也许正是去弄明白这其中的奥义。

直觉告诉我，这大概和他的童年和原生家庭有关。

我们所遇见的每个人，其实都不是一个人，而是一群人的集合。你透过他，会看到他父母和家庭的影子，看到他成长中的人和事留下的痕迹，看到那些爱过他、伤害过他的人残存的轮廓。我们其实从来不曾孤独过。每一个你以为最孤独的瞬间，都有一群人的背影在时光的长河里与你如影随形。

我说，高山，你是否愿意跟我分享一些关于你小时候的事情。比如你的父母，比如你 8 岁的时候，为何初次出现这个"老毛病"？

高山出生在南方的一个省会城市。父亲是报社编辑，母亲在一家公立医院做医生。在那个年代，是少有的知识分子家庭。从小，父亲对高山期待很高。常常跟他说，像我们这样的家庭，和别人不一样，你是注定要成才的。高山四岁就在父亲的教导下开始学习书法，和父亲一样，写得一手好字。高山的母亲喜欢学英语，记忆中她每天都会在家播放英语磁带，然后跟着读。在高山6岁那年，母亲很幸运地得到了一个公费出国的学习机会，从此便一去不返，再无音信。

父亲从来没有跟高山说起过母亲后来的事。只是听传闻，母亲在那边嫁了一个美国人。她曾寄给同事一张照片，上面她靠着一辆崭新的私家车，笑的春风得意，背后是她和那个美国人的别墅。

高山说，还记得她走的那天，自己哭得很伤心。那感觉就像是知道她再也不会回来了。那些年，每当有人问起他想不想妈妈，他从不回答。他也从不问爸爸，关于妈妈的消息。她就这样消失了，像空气一样消失在他的生活里。只有偶尔看到照片，才会想起她似乎真的存在过。

上学以后，高山也喜欢英语。他曾偷偷幻想，有一天，自己会去到美国，也许会碰巧遇见她。他不知道那是怎样一个场景。在他的脑海中，反复演练过一万种可能性。然后，他对自己说，"那个女人"已经抛弃你了，不要再去想她。

"那个女人"——每次提起母亲的时候，高山都会用这个词，好像在说另一个不相干的人。

　　高山的父亲是个坚强隐忍的人。母亲走后，独自带着他，洗衣做饭，教他学习，干工作评职称，样样都尽心尽力。父亲对高山要求严格，从上小学开始，高山的成绩就一直名列前茅。在这一点上，高山一直认为，自己能够"有出息"，就是对父亲最好的报答。

　　在高山9岁那年，父亲迎来了第二段婚姻。父亲的新妻子很年轻，高山叫她阿姨。阿姨带着5岁的女儿，传闻是和之前的恋人生的，只是那个人没有娶她。婚后，小女孩就随了父亲的姓，成了高山的妹妹。父亲给阿姨安排了工作，在他们报社负责打字。记忆中，父亲和阿姨的感情比较平淡，在家中说话也不多。阿姨更像一个保姆，给一家人洗衣做饭。

　　说起与家人不同的关系，高山这样比喻：父亲和他谈的永远都是学业和事业；阿姨和他讨论的只有穿不穿秋裤之类的问题；妹妹有时会和他谈心，但往往是她倾诉，高山听着，帮她出主意。

　　长大后，高山考取了北京的外国语学院，大学毕业就留在了北京。父亲很满意他现在的工作，每每在人前夸赞他，提起他所供职的机构都是赞不绝口。

高山说，其实在北京这些年，过得也还算不错。虽然压力大，但工作和收入都还算理想，只是一直没有稳定的感情，女朋友换了又换。遇到现在这一位，本以为可以稳定下来了，不料，又发生这样的变故。

高山的眼神很是悲伤，言辞却平静寡淡。我想，这大概是童年时期母亲缺位给他留下的痕迹吧。6 岁，正是刚刚对亲密关系形成认识的时候，父母的关系模式是孩子参照的主要范本。而母亲的缺位，意味着高山潜意识中的亲密关系范本自身就有缺陷，而他一生中所有的亲密关系，都将为之买单。

我问他："高山，你是否想过，你和女朋友的关系，以及你母亲的事，这二者之间，会不会有什么样的联系？"

高山皱了皱眉："和'那个女人'有什么关系？"

他口中的"那个女人"是指他的母亲。

我说："我有一个感觉，不知对不对……当听你提起女友比你大 9 岁，还有她出国，还有当她提出分手后，你就不再接她电话。于是我想，也许你的潜意识里将她和母亲联系了起来——她比你年长，或许有点像妈妈的感觉；她出国了，提出分手，这种被抛弃的感受，让你再一次链接到小时候关于妈妈离开的那段经历，所以你主动和她中断了联系。这看起来会不会像一种逃避？把自己隔离起来，不去面对。就像小时候，你不问爸爸关于妈妈的消息，也许是害怕面对事情的真相，不想接受被抛弃的事实……"

"停，停停停……"高山突然打断我，"你们心理医生想象力还真是丰富，再想下去就能写小说了……是不是我还有恋母情结啊？是不是我还有恐婚症啊？或者对女人彻底失望变成同性恋啊……"高山的情绪越发激动。

"对不起，是我冒昧了……非常抱歉……"面对高山突如其来的情绪，我有些尴尬和局促。一定是我的话触痛了他，或许他还没有准备好被揭开伤疤。我不禁有些懊恼。

高山深吸了口气，把目光转向别处，看得出他在尽力克制自己。

片刻，他开口道："那什么……其实我今天来，主要是想解决失眠问题的，其他我也不想谈了。您看，能有什么好的建议吗？对了，忘了说，我已经去医院看过也开了药，但我不想吃药，听说会有依赖性。我这个人最讨厌依赖什么，有没有办法让我不用吃药，自己能睡着？"

高山抬起手，覆在脸上用力揉搓："这种睡不着又醒不过来的感觉，简直比死还难受，头疼得快要炸了……"

我犹豫了一下，说："或许可以尝试一下催眠？对于失眠而言，催眠疗法的效果一直备受认可，说不定可以帮到你。"

我知道，坐在我对面的这个人，因刚才那一席话，本已卸下防备的心又再次披上了盔甲。今天也许不太适合为他催眠了。于是我给了他一段我的催眠录音，请他在每次入睡之前听。

他拿了录音，谢过我，之后便离开了。

我们没有约定下一次的咨询。

看着窗外，沦陷在雾霾中的城市，我有些低落。这是我第一次在咨询中遭遇来访者激烈的言辞。

想起不久前和一位医生朋友的对话。我问她："怎样才算一个好医生，是治愈率高吗？"她想了想，说："一个医生能治愈多少人，这个很难说。但一个好医生，首先应是个'暖医'，让病人见到就觉得温暖和安心。真正的治愈不全靠药，很大程度上也是靠医生这个人。"

"暖医……"我回味良久。

落地窗的玻璃里倒映出我的脸。那一刻，忽然觉得自己有些陌生。

第二次会面

一周后，高山约我第二次咨询，我原没有想过他会再来。

再见面，高山的精神状态好了很多，衣着也较为整洁。

他说："Isabella 谢谢你，催眠录音很有效。我当天回去就睡着了，这几天夜里都睡得很好。"他拿出手机给我看他的睡眠脑波记录，跟我解释那些高高低低的睡眠曲线，那是他的一只智能手环所记录下的。

大概因为常年教英文，高山喜欢叫我的英文名字，Isabella。

看他的样子，好像上次咨询中的不愉快从未发生过。

我说："高山，看到你的睡眠有所改善，很为你高兴。再次抱歉，上次咨询中的冒昧让你不舒服了，也谢谢你的信任，又一次来到这里。"

高山略微沉默，似乎在回忆上次的情景。他的手指在底下用力地互相掰着，发出几声脆响。

半晌，他说："其实你没有错。那天回去以后，我一直在想你的那些话。你说我逃避，因为不想面对被抛弃的事实……也许你是对的。就像现在的女朋友，她说分手，我就再也不敢接她的电话，害怕那种被抛弃的感觉又来一次。虽然心里很想挽回，却什么都做不了……你说的没错，就像'那个女人'走的时候一样，知道她再也不会回来了，却什么也做不了，很绝望……"

高山身体微微后仰，靠着单人沙发上，眼神空茫地望着窗外。

"一直以来，我都喜欢比我大几岁的女人，最好身高也比我高一些。仔细想来，可能确实有点'恋母'。不过两性关系中，我更多扮演保护者的角色。所以努力工作，想让自己更强，可以给予自己的女人更好的条件。"高山说。

我安静地听着，示意他说下去。

"我这算不算有病？明明知道是自己的问题，却不愿承认，还乱发脾气。"高山有些歉疚地看向我。

我微笑："别放在心上，这种情况很正常，心理学上叫它'阻抗'——意思是当碰触到问题的关键时，来访者会有很大的情绪反应，比如否认或者愤怒，这些都是我们的潜意识对自身的保护。"

高山："潜意识？"

我："是的，潜意识。精神分析学之父弗洛伊德认为，我们的意识分成两部分：一部分是我们平时所了解的那个自己，叫作意识；另一部分是我们所不了解的那个自己，叫作潜意识。有很多隐秘的想法，比如，我们的渴望、创伤、压抑，全都埋藏在潜意识里，潜移默化影响着我们。看似不经意的一言一行，其实都有着深刻的心理根源。也就是说，我们的行为没有偶然。"

高山："没有偶然……有道理，好像我之前每一段感情都以同样的模式结束——吵架，提分手，中断联系，不了了之，然后再开始下一个轮回。似乎是一种惯性。这叫什么？心理学上有名字吗？"

我想告诉他，这叫"强迫性重复"，意思是：受原生家庭的影响，我们所习得的问题行为模式，会在往后的生活里不断重复，自己难以觉察，也难以改变。然而，话到嘴边又咽了回来，我不想把这次咨询变成心理学科普问答。

"你觉得它叫什么比较好呢？这种'吵架，提分手，中断联系，不了了之，然后再开始下一个轮回'的模式？"我问。

高山思考了一下，说："有点像是一个'怪圈'。"

我："一个'怪圈'。那么你觉得，这个怪圈可能是从哪儿来的？"

"从哪来的？从哪来的……"高山陷入沉思，很显然，他对这个奇怪的问题既感到迷茫，又感兴趣，"你说，会不会有可能是从'那个女人'那儿来的？"

"那个女人，谁？"我故作糊涂。

"就是……我……妈。"高山说后两个字的时候，很含糊。

"哦，你认为可能和你妈妈有关？可以多说一些吗？"我继续问。

"我小时候很黏她，每天都盼着放学她能早早来接我。她总说，如果我乖，她就会早些来，如果不乖，她就会很晚才来。她去美国的时候也这样说，如果我乖，她就会早早回来。虽然心里明白她不会回来了，可我还是每天尽可能的乖，幻想她知道后也许就会回来。可她最终还是没有回来。

长大后，交了女朋友。每次吵架，她们就会说，希望我怎样怎样，否则就离开我。那种感觉让我特别崩溃，就好像当初我妈要求我乖一样。我就觉得不管我如何努力，她们最终都一定会离开，我只能绝望地等她们提分手。所以，我把自己隔离起来，主动中断联系，这样就不用面对最后的结局。让时间来解决一切。"

高山述说的时候语速慢了许多。我知道，他在深深的回忆和现实里穿行。我安静地听着，没有说话，等他细细体味。

说完，他沉默了许久。

过了一会，我问："那最近这位女朋友，也是这样分手的吗？"

"是吧，虽然我嘴上说，她肯定有别人了。但心里知道，走到今天这一步，其实我有很大的责任。我们本来或许有回转的余地，可我却一再逃避，把她往外推。有时候真的很绝望，感觉对自己无能为力。"高山疲惫地闭上眼睛。

"你想改变这样的状况吗？"我问。

"当然了，谁又愿意一直这样反反复复的折腾？"他说。

"有没有想过，什么样的亲密关系是你想要的？"我问。

"这个……倒没有仔细想过……大概是安全的吧，不用担心被抛弃，彼此支持，还有……对我不要有太多要求，那会让我想起小时候的'乖'……"高山答。

我："高山，看起来你的亲密关系似乎被卡住了，卡在你和妈妈的关系那里，你觉得呢？"

高山："嗯，同意。有办法吗？"

我："我想到一个疗法可能会有帮助，如果你愿意，我们可以试试？"

高山："好啊，是什么？"

我："它叫完形疗法。基本观点是：我们人的一生，从生到死都在做同一件事情——为'未完成的心理事件'做'完形'。你可以简单地理解成'实现未完成的心愿'。例如，小时候缺少父爱的女孩，长大后会倾向于选择比自己年长很多、如父亲一般的男性做伴侣。又例如，我们的祖父母那一代人，童年经历过食物匮乏，所以成年以后常常过度珍惜食物，连过期的食物都不肯扔掉。

在人的一生当中，会有很多的'未完成事件'。而对这些事件的'完形'倾向，成为了我们诸多行为的内在原因和动力。因此，如果童年时期和妈妈的关系有缺失，我们便会穷尽一生、用各种方式去弥补这种缺失。

完形疗法可以帮助我们从心理层面去'完成'自己'未完成的愿望'，从而终止问题行为的循环。

抱歉，这些可能听起来有点抽象，不知我有没有解释清楚？"

通常我不太喜欢在咨询中跟来访者探讨太多理论，他们来这儿是解决心理问题的，不是来成为心理学家的。但对于完形疗法，我每每都会解释清楚。因为只有认同了它的基本观点，后续的治疗才会有效。

高山思考了片刻，说："大概听懂了。你说到'未完成事件'……那么当年'那个女人'就这样扔下我走了，连一句解释都没有……你说，她会不会有'未完成事件'？应该不会吧，她那么自私，大概早忘了自己还有个倒霉孩子活在这世上了。"高山的脸上，再次浮现出那种自嘲的笑。

　　我知道，这一刻，他心中的苍凉。

　　她欠他一个解释，一个告别。那无言的抛弃犹如一道伤痕，久久横在他的心上，他竟连"妈妈"两个字都说不出口，只一遍遍叫着"那个女人"。他的防御好像封冻多年的冰雪，将心一层层包裹起来，让自己出不去，让爱他的人进不来。

　　我决定推他一下，让他的情绪爆发出来，为下一步的治疗做铺垫。

　　"我猜她有。听你说起小时候对她的依恋，想必她是很爱你的。抛下你，也许对她而言，也是艰难的决定。她的'未完成事件'或许正是你。也许常常会想起你哭着找妈妈的模样，不断后悔自责，如果知道你如此不能原谅她，甚至亲密关系中还带着她的阴影，一定很伤心吧……"

　　"哈哈，心理医生，你太天真了！你根本不了解她。你不知道她有多狠、有多绝，自己的孩子说不要就不要，连一句话都没有！什么都没有！"高山的眼泪在眼眶里打转，却死死撑住不掉下来，像一个倔强的孩子，脆弱而固执。

　　"对不起，高山，让你难过了。"我从沙发上起来，拉过一张椅子坐在他身侧，"我需要你此刻的情绪，继续下一步的治疗。如果你愿意，我们来试着去做'完形'好吗？"

高山转过脸，看着我。迟疑了片刻，然后点头，说："好。"

"请你闭上眼睛，深呼吸……放松……"我轻声引导他，"你说得对，我不了解你的妈妈，我也不认识她。所以，请你帮我，告诉我，她是什么样子的。在你记忆深处，她的脸，她的头发，她的表情，穿着什么衣服，她叫你名字的模样……在你的记忆深处，去寻找……关于她的回忆……"

高山闭着的眼睛不断眨动，眼泪慢慢流了下来。

"告诉我，她是什么样子的……"我声音很轻，怕惊动了他的回忆。

高山："她……是卷发，个子不高，戴着眼镜。她常跟我说要保护眼睛，长大不要戴眼镜，我却觉得戴眼镜也很好看。她喜欢笑，笑起来眼睛弯弯的……每天睡觉前，她都会给我讲故事。我爱听小兔彼得，虽然很害怕故事里那只狐狸，但又怕又想听，每次都不知不觉睡着了，直到第二天早上，她把我叫醒……她每天早晨都穿上白大衣出门。她工作的医院离家很近，先送我去幼儿园，再去上班。我常常偷偷穿她的白大衣，但那件衣服实在太大了，我穿上老是绊倒自己……"

高山说话很慢，面部表情渐渐温和下来。他进入了深深的回忆里。

我："妈妈叫你的小名吗，她叫你什么？"

高山："她叫我，小山。她说，希望我像小山一样壮实。"

我："好的……现在，请你发挥最大的想象力，去想象妈妈此刻，就坐在你的对面。她可能是你记忆中的样子，也可能是你想象中的样子，她叫你'小山'……她就坐在你的对面……发挥你最大的想象……去感受，此刻，她，就坐在你的对面。"

高山微微皱眉，仍闭着眼睛，慢慢地把脸朝向对面的沙发。

我："感受到了吗？此刻，她就坐在你的对面。"

高山："我不确定……好像有，又好像没有……"

我："想象她就坐在那里……你觉得，她会是什么样子？"

高山："她……大概老了一些，比从前胖了，以前她很瘦。头发还是卷发，只是剪短了，还是……穿着白大衣……"

我："非常好。请你专注地看着她，看着你的妈妈，此刻，她就坐在你的对面，她叫你的名字'小山'……请你告诉她，这些年来，所有你想对她说的话——你对她的埋怨，对她的猜测，对她的想念，对她的爱、对她的恨……所有所有你想要告诉她的，全部都说出来……她，就坐在你的对面，认真地听你说话。"

高山的眉头紧紧蹙着，呼吸变得局促。有大颗的眼泪从脸上急剧滑落，却没有抽泣出声。

半晌，他哽咽地开口："你……还在美国吗？是不是永远都不回来了？你在那边是不是又生了孩子？你已经把我忘了吧？……可是，我没有忘了你啊……这些年，我一直在想，你是不是有苦衷？是不是那个老外骗了你，又胁迫你，不让你回来见我们……可是，别人都说你过得很好，还给她们寄照片。可你为什么不给我寄，难道我在你心里还不如她们吗？……小时候我就想，学好英语长大去美国找你，可美国那么大，我都不知道你在哪，我都不知道你还认不认我……妈妈，我好想你，我从来不敢跟任何人说，我好想你……你一定是不得已的，对不对，你也不想扔下我，你是喜欢我的对不对？小时候你对我那么好……你为什么不告诉我原因呢，就什么也不说，就这么走了，我该去哪儿找你啊……妈妈，我该去哪儿找你……"

高山的泪水终于滂沱，泣不成声。这二十年来，他在心底层层垒起的高墙，都在这一刻崩塌。所有压抑的思念，如困顿的猛兽，奔腾着冲出牢笼，席卷一切。

每个人的心底都有一个角落，藏着无法触碰的伤口，在岁月里层层溃败，悄然无声。直到某日，一道光线猛然穿刺进来，才惊觉那鲜血淋漓竟从未愈合，甚至，没有一刻停止过疼痛。

我在一旁安静地陪着他，直到他的哭诉渐渐缓和，渐渐平息。

我想，是时候让妈妈"开口说话"了。

"你刚才说的所有的话，妈妈全都听到了。现在，妈妈也有话想要对你说。你愿意听吗？"我轻声问。

"嗯……"高山点头。

"好的。请你继续闭着眼睛，慢慢站起来。"我扶他站起来，顺势把他身前的茶几挪开。"妈妈现在就坐在你对面的沙发上。等一下我会从1数到3，当我数到3的时候，你，就会变成妈妈，发挥你最大的想象力，去感受她，去连接她。现在往前走，1……很好，继续往前走，2……非常好，转身，往下坐，3！"我用力往高山的肩膀上一拍，紧接着给出暗示，"现在，你，就是妈妈！发挥你最大的想象力，让妈妈的感觉来到你的身体。"

"妈妈，刚才你的儿子小山跟你说了那么多内心的话，你，有没有什么想要跟他说？他现在就坐在你的对面，你可以开口告诉他。"我在高山的身侧轻轻引导道。

高山略微迟疑，嘴唇颤动了几下。过了良久，才开口。

这一次，他的声音很轻，很冷淡："我没什么好说的。我就是个自私的人，你要恨就恨吧。当初抛弃你，我也没有什么苦衷，只是想过更好的生活。谁不是只有一次人生呢？我不能为了你放弃我想要的人生。你不用再想我，也不用来找我，我并不想见你，我现在过得很好，什么都不缺，你不要来打扰我……"说着，高山忽然睁开眼睛，直直地盯着对面沙发："我不想再说下去！"

我迅速意识到，他这最后一句已跳出了对话，是对我说的。

"好的。请你再次闭上眼睛。"我扶他站起身来，"等一下我会从 1 数到 3，当我数到 3 的时候，你就会回到你之前的位子上，再次做回你自己。1—2—3，现在，你再次做回了自己。慢慢地，睁开你的眼睛。"

高山慢慢睁开眼睛，沉默地看着对面空荡荡的沙发。

我没有说话。刚才的情景让我颇感意外。我原以为"妈妈"会跟他"说"些温情的安慰的话，就像我之前的许多个案一样，与空椅子上的人互诉衷肠，满满都是爱和感动，却没料到这位"妈妈"竟然……一时间，我也有些失神。

还是高山先开口了："刚才那些，全都是假的，对吗？"

"你认为呢？"我把话题转回给他。

"倒挺像真的。"他自嘲地一笑，"至少那些话，像她说的。"

"那……你怎么想？"我问。

"有什么好想的。她说或者不说，不都是那样嘛？她说得对，谁不是只有一次人生？她可以抛弃我，去成全自己的人生。我又为什么一定要活在她的阴影下？"高山的语气轻轻淡淡，他似乎总有天分把痛彻心扉的话说得极尽寡淡。

我安静地看着他。我知道，此刻，他不需要安慰，陪伴就好。

沉默了很久。高山说："谢谢你 Isabella。我觉得松下来很多。这件事压在我心里二十多年了，今天终于倒出来，也算是个了结。不管结局好与不好，都不重要。重要的是，它结束了。"

第三次会面

五天以后，第三次咨询。

是一个周五的上午，高山再次提前 30 分钟到达。

他穿着衬衫，整个人利落干练，用了清淡的古龙水。这一身打扮，是记忆中那家知名外语机构的师资标配。我微微一笑，看来他的假期结束了。

我说："高山，你来这么早，是不是待会还要赶去上班？"

他不好意思地笑，说："是啊，上午晚些还有课，但又特别想来，所以就早早来了。"

高山说，这些天整个人轻松了不少，不再"胸口碎大石"的感觉。好像真是放下了，不纠结。

"人这种动物还真是有趣。明知道是假的，却仍愿意相信，还骗过了自己，把之前二十多年的烂账都清掉了。你说，这得多魔障！"高山感慨道。

"魔障……这个词有意思。的确，世间所谓的真相，也许我们永远都看不明白。因为，心总会迷惑我们，让我们只看到自己愿意相信的部分。这大概就是所谓的'心魔'。"我说。

高山说："其实我今天来，就是想跟你聊聊这个'心魔'。关于我的口吃，不知道有没有可能处理一下。"

我有些疑惑："可是，我真的完全没有听出来你有口吃。能仔细说说吗？"

高山顿了顿，说："嗯……这件事是关于我和我爸之间的。大概是我8岁那年吧，那是我爸这辈子第一次，也是唯一一次打我……"

那天，高山在学校和同学发生摩擦，同学认定是他偷了自己的文具，并在黑板上写下"高山是小偷"。向来心高气傲的高山哪里受得了那样的委屈，于是在操场捡来石头，把同学的脑袋砸了一个血窟窿。事后，同学的父母和一众亲戚去高山家讨说法，要他爸爸赔医药费。

高山说，当时的情形把他吓坏了。对方那么多人，围在家门口争吵，还有人骂他"有爹生没娘教"。爸爸气得脸色铁青，把他拉出来就打。那是他第一次挨打，而且还在那么多人面前。他想跟爸爸解释："我不是故意的，是他先冤枉我。"但每次刚说出"我"爸爸就更生气，怒吼道："我什么我，人都伤成这样了你还狡辩！"……后来，事情如何解决的高山也不记得了。只记得在那之后，他就开始口吃。但凡人多的场合，他一说"我"字，就会"我……我我我我"半天才能说出来，为此屡遭他人取笑。这样的情况持续了大约两年，之后渐渐好了。

直到最近，突然又复发。每每上课的时候，他越是告诉自己不能这样，就越无法自控。好几次憋得面红耳赤，惹得学员哄堂大笑，自己也非常难堪。前一阵休了年假，也是想让自己缓一缓。今天又开始上班了，心里不禁有些紧张。

"Isabella，你一定得帮帮我。我只相信你。"高山看向我，眼神恳切。

我微微迟疑，一时也没想到特别好的办法。

"谢谢你的信任。"我说，"这件事我需要好好想想，怎样帮助你去跟潜意识里的心结做和解。我会全力以赴，但最终起决定作用的还是你，所以你最该相信的人是自己。"

我们约定次日下午再度会面，探讨此事的处理方法。之后，高山匆匆离开，赶去公司。

我能感受他心中的忐忑，连背影都微微瑟缩着。

第四次会面

周六下午，阳光很好。见到高山的时候，他的神情比昨天更加凝重。

我问他，昨天是否还顺利。

他摇摇头，苦笑："不太好。讲课的时候一直在避免说'我'，心思也不集中，自己都不知道在说什么。下了课赶紧跑，没心情和学员互动。这种状态不能再继续了，再这样下去迟早会被投诉的。"

我点点头："我仔细想了一下，或许我们可以尝试催眠疗法。"

高山："催眠？就是你之前给我的那些录音？那不是用来治疗失眠的吗？"

我："不仅是失眠，催眠在心理治疗领域应用很广泛。我记得你说起过，那些催眠录音对你有效果，是吗？"

　　高山："是的。每次听着听着就好像进入到那些画面里，身临其境一样，感觉很放松很舒服，不知不觉就睡着了。"

　　我："能够有身临其境的感受，说明你的敏感度很好。促进睡眠只是催眠的效用之一。在心理治疗上，也可以把人导入催眠状态，去和自己的潜意识做沟通，解决潜意识中的问题。"

　　高山："所以，你想怎么做，我需要怎样配合？"

　　我："我想尝试，在催眠状态下把你带回8岁的那个场景，然后为你做完形……"

　　我看着面前的高山——他细微的表情、动作、眼神，在我的脑海中一遍遍闪过各种可能性。他能否承受再次经历那个场景？强烈的心理冲击，会不会让他从催眠状态下惊醒？如果惊醒，他会不会受困于当时的情绪而非常崩溃，那我该怎么办？再次将他导入催眠状态去处理吗？如果他卡在情绪的当口，无法再次进入催眠状态呢？那我该怎么办？第二天再给他做处理吗？他熬得住吗？……

　　那一刻，我忽然举棋不定。

高山看出了我的犹豫："Isabella，你是在担心什么吗？"

我："哦……只是在想一些细节。这个疗法可能有一定的风险，因为你需要再次经历当年那个创伤情境，这对你是一个很大的挑战。你愿意试试吗？"

高山："当然。我说过，我相信你！"

我："高山，这一次，你要相信自己。相信自己内心的力量，能够支持你完成这次治疗。我会全程保护你，在催眠状态下，如有需要，你也可以随时清醒过来。"

高山看着我，认真地点点头。

之后，我向高山解释了什么是催眠，催眠的工作原理，潜意识的工作原理，催眠状态下可能的感受以及我们的预期效果。待他充分了解，我们就开始催眠。

高山的配合度很好，引导的过程很顺利。当到达理想的催眠深度，我开始小心翼翼地切入他 8 岁时候那个画面。

"……沿着这条小路一直往前走……越走你就越轻松，越走你就越放松……走着走着，你发现时光好像在往回流转，你变得越来越年轻，越来越小……20 岁，18 岁，15 岁……更轻松，更放松……12岁，10岁，9岁……非常的放松和舒适……现在，你变回了8岁的模样……你是安全的，我就在这儿，轻轻地保护着你……

周遭的景物变得越来越熟悉……你放学回家的路，你穿着衣服，路上的景物，你家门口的景象……你知道，你已经回到了那一天，和爸爸发生不愉快的那一天……在你的记忆深处去感受它，真真切切的来到这一刻……你是安全的，我会一直在这保护着你。"

高山的呼吸开始变得局促，眉头皱起，紧闭着的眼睛不断眨动。

"你可以开口说话，告诉我你此刻的感受。"我轻声引导他。

"我很害怕……那些人就快来了……我不想待在这里，我想离开，我很害怕……"高山轻轻地摇头，非常不安。

"好的，这只是你曾经的一段记忆，它已经过去了，不会再伤害到你。现在请你轻轻的飘浮起来，停留在半空中，远远地看着这一切。你只需要远远地看着它，就像看一场电影一样，好吗？我会在这里轻轻地保护着你，在你的四周结成一个保护罩，像一个美丽的大泡泡把你包裹其中，牢牢地保护着你，不受任何伤害。你能感觉到这保护吗？"

高山缓慢地点头，稍稍放松了一些。

"非常好，就这样飘浮在半空中，看着下面的一切，好像一场电影……现在，那些人来了，他们围在你的家门口吵闹……你看见爸爸在和他们解释……小小的你害怕地躲在爸爸身后……"

大颗大颗的眼泪骤然滑落下来，高山呼吸急促，胸口不断地起伏。

"你是安全的，我就在这保护着你……你看着下面的一切，看到爸爸的窘迫，在这样的情形下，他不得不打你……"

高山的眼泪更加汹涌，低低地抽泣出声。

"那些人走了……爸爸的动作也渐渐停止……你小心翼翼地抬起头，发现爸爸眼中有隐约的泪光……那一刻，你感觉到爸爸的心疼与为难……你看到他眼中的脆弱、不忍心，还有内疚……其实他知道，这不是你的错，但当时的情形使他不能维护你……爸爸背过脸去，悄悄擦掉眼中的泪水……你感觉到有些心疼他。一个单身父亲，失去了妻子的支持，自己要上班，要独立抚养孩子，经济上的困难，生活上的压力……所有的一切都压在他的头上，他真的好累好累……爸爸在你身边默默地蹲了下来，很疲倦的样子，紧紧地拥抱你，用很轻很轻的声音跟你说：'小山，对不起，真的对不起。是爸爸没有保护好你，让你受委屈了。你能……原谅爸爸吗？'"

高山不住地点头，眼泪默默地流淌下来。

良久，待他渐渐平复，我给出暗示。

"从现在开始，过去的一切都过去了。那些你经历过的磨难，会让你变得更强大更优秀。你有能力照顾和保护自己，过去的一切，将不会再带给你任何困扰。

等一下，我会慢慢地从 5 数到 1，当我数到 1 的时候，你就会从催眠状态中清醒过来。醒来以后，你会觉得心情平静，头脑清晰，身心愉悦。"

我长长呼出一口气，悬着的心终于落地了，所有的担心都没有发生。

高山缓缓地睁开眼睛，从催眠状态中苏醒过来。

我起身关掉音乐，轻轻拉开窗帘。为他倒了一杯水，递上纸巾，再坐回他身边的沙发。

高山仍旧半躺着，没有动。好一会，拿起纸巾按在眼睛上，久久保持这个姿势。

我静静地坐着，等着他开口。

"过去的一切都过去了……再也不会有困扰了……Isabella，你说，真的过得去吗？"高山问我，他的声音非常轻，更像是在问自己。

"如果你想，就可以。"我答道，"所有困住我们的，都不是现实，而是心魔。一旦你决定走出来，就再没有任何力量拦得住你。"

第五次会面

三周以后，又是周六的上午。

阳光很好，高山看起来气色不错。脸上有微笑的表情，似乎这是我第一次见到他自然的笑。

我问他，最近是否一切都好？

他说，真的很不可思议。上一次催眠后，整个人都放松下来。虽然知道催眠状态下发生的都不是真的，但日子久了却渐渐分不清了。有时甚至觉得，那就像自己真实的记忆一般，特别生动。还会在梦里出现，爸爸蹲下来拥抱自己，说对不起，那感觉特别真实。

高山说："人啊，真是自欺欺人的动物。这是我头一回感受到，谎言比真相要美好得多。"

"不是谎言，是催眠。"我微笑着纠正他，"那是催眠之下的完形。"

我问他，最近"口吃"的情况有没有缓解？

他说，确实有，现在说"我"字自然多了，大部分时间都挺流畅的。只是心里偶尔还会有不自信，上课之前也会紧张，担心自己的发挥，但开讲几分钟后，适应了就好。

"也许，是一个过渡期吧，过一阵子应该会好。"他说，"Isabella，如果我能快些度过这一段就好了。我最近收到了英国一所顶级商学院的 offer，马上要开始办签证了。我想在面签的时候发挥好一点，不要被无关的因素干扰。"

"所以，是决定去英国了？"我问。

"是啊，努力了大半年才拿到 offer，还带奖学金，不去岂不可惜？"他笑得很舒畅。

"还想见她吗？"我指的是他不久前分手的女朋友。

"不知道，没想好，去了再说吧。当时申请这所学校是为了

离她近，现在……也说不好了。不过，趁年轻出去看看，至少对
未来事业发展有好处。"高山的语气中透着释然。

　　我想起一个多月前初次见面，他提到这段恋情时苦大仇深的
模样。看来这一阵子，他的确沉淀了不少，也成长了不少。

　　"高山，对于你刚才说的'过渡期'，我想或许也可以试试
催眠疗法，帮助你更快地适应生活中的重要场景。"我说。

　　"噢，好啊，那就开始吧。"高山一听到催眠，立刻来了兴
致。站起来径直走到催眠椅边上，舒舒服服地坐下，眼睛一闭，
似乎完全不关心接下来的治疗流程。

　　我不禁失笑。也走过去，坐到旁边的沙发上，把具体的治疗
思路跟他仔细解释了一遍。之后商定，以他上次参加英语演讲大
赛并获得第一名的那个场景切入，再过渡到目标场景。待脚本确
定，我们便开始这一次的催眠。

　　简单的引导后，我将他带入预先商定好的催眠情境。

　　"……在你的前方有一扇门，等一下，我会从 3 数到 1，当
我数到 1 的时候，你就会推开这扇门，来到上次英语演讲大赛的
现场。

3……

2……

1……现在，你已经来到了大赛现场……此刻你正站在台上，自信地演讲着。舞台的聚光灯打在你身上，你整个人都熠熠生辉。台下的观众聚精会神地注视着你。你看见那些目光中，有欣赏、有赞美、有仰慕、有崇拜……你就站在那里，从容不迫，娓娓道来……你是那样优秀，充满自信，你是全场的焦点……去感觉这一刻，感觉它真实地发生……这个讲台它天生就是属于你的，你是本届大赛的口语冠军，是全场最优秀的演讲者……去感受这一切……"。

高山的嘴角有微微的笑意浮现，他沉浸在深深的催眠状态中。我让他稍作停留，享受着此刻的喜悦，接着切换到我们设定的目标场景。

"渐渐的，你发现周遭的景物好像在发生一些改变……舞台的光线渐渐变淡，变成了清晨的阳光……会场也变小了，变成了你每天授课的教室，教室里坐满了你的学员，他们都面带微笑看着你……原来，你来到了每天上课的时间……此刻，你站在讲台上，和平常一样为学员们授课。他们被你讲授的内容深深吸引，正抬起头目不转睛地看着你，那眼神中充满了欣赏、认可与崇拜……你透过他们的眼神，看到自己那样自信、优秀，充满智慧和幽默感……这种感觉，就像你在英语演讲大赛上经历过的一样……这个讲台它天生就是属于你的，你就最优秀的演讲者，最优秀的讲师……去感觉这一刻，感觉它真实地发生……感觉此刻你内心的自信、沉稳和淡淡的喜悦……"。

高山的表情放松而舒展。我想，这些画面一定是他期许已久的。我让他稍作停留，再接着切换到最后一个目标场景——他即将参加的签证面试。

"现在，你在一张椅子上坐下来，和几个学员讨论问题。你们在用英语交流。那感觉有点像接受采访，你介绍一些基本的个人情况，以及对未来生活和个人发展的一些打算。这样的对话让你感到轻松愉快，你的回答也流畅而得体……你环顾四周，发现这里其实并不是教室，而是大使馆签证处的面试房间，这里的环境让你觉得舒适和放松。而坐在你对面的，也不是学员，而是面签官员和助理，他们看起来亲切友善，正向你提着问题。你喜欢这样的交流，让你感觉到被尊重、被聆听。你向他们谈论你出国留学的打算和构想，好像跟朋友聊天一样，非常的自然和放松……去感觉这一刻，它对你而言是那样平常与自然……去感觉它真实地发生，去感觉你内心的平静和淡淡的喜悦……"。

至此，两个目标场景植入完成。我顺势给出暗示："从现在开始，你会保持这种自信、放松、愉悦的状态，在任何场景下，你都能发挥自如，把自己的优势和自信展现出来。"

"等一下，我会慢慢地从 5 数到 1，当我数到 1 的时候，你就会从催眠状态中清醒过来。醒来以后，你会觉得头脑清醒，思路清晰，身心愉悦。

5——4——3——2——1……带着这种轻松愉快的心情，完完全全地清醒过来。下一次催眠，你会进入到更深更放松的状态中。"

我起身关掉音乐，等他慢慢地苏醒。

好半天他才懒懒地睁开眼睛，说："好舍不得醒来啊……我们催了多久，有 15 分钟吗？"

"将近一个小时呢，"我笑着回答。"在催眠状态下，对时间感觉常常会有偏差，感觉好像没过多久，其实在现实中已经过了很久了。"

"好吧，谢谢你，让我又做了一回白日梦。"高山笑容温和。

没有担忧，没有防御，看上去很真实，是他现实中少有的样子。

"那个不叫'白日梦'，叫做'成功景象预演法'"。我笑着解释道，"这个技术常被用在体育竞赛中对运动员的训练上。在催眠状态下，把成功景象植入运动员的潜意识，他们就会在现实场景中，去复演这个成功。比如说，在催眠状态下给他植入的是——'我会轻松愉快地完成比赛，发挥出自己最好的水平'这样一个场景和信念，那在现实比赛的时候，他的潜意识就会自动连接到催眠状态下的那个成功景象，于是他就不紧张了，可以轻松愉快地去比赛，如此更能够发挥出自己最好的水平。"

"太好了，正是我需要的。那除此之外，我还用做些什么吗？或者，有没有注意事项之类的？"高山问。

"当然，如果想要效果更好，可以在家里也做一些自我催眠练习。"我详细地给他讲解了自我催眠的方法和技巧。

高山兴致勃勃，表示要从当晚开始，每天都做一次自我催眠。

末了，高山告诉我一个有趣的思考，他说，他仔细思考了关于现实、梦境和催眠三者的关系，发现这三者是有联系的。在现

实中，我们相信发生的一切都是真的。在梦境中，我们相信发生
的一切都是假的，尽管它有时可能感觉很真实。而催眠很特别，
刚开始你明知道一切都是假的，但日子久了就渐渐分不清了，你
甚至会拥有这段记忆，甚至会觉得它就是真的。

"如果说，现实是清醒状态，梦境是睡眠状态，这二者天生
就不可能有交集。而催眠很独特，它介于清醒和睡眠之间，处
于现实和梦境的交接地带，因此，由催眠产生的记忆也处于梦
境和现实的交接地带。从某种层面上来说，我认为，或许催眠
真的可以改写人的记忆。催眠，或许就是为了连接梦境和现实
而生。"

"那么……你希望这种'改写'发生在自己身上吗？"我略
微沉思，问他。

"是的，而且它已经发生了。这是我第一次真正相信，自己
可以摆脱童年那些乱七八糟的记忆，脱胎换骨地活下去。你不知
道，这种感觉有多好。"高山说着，轻轻闭上了眼睛。

我猜，他闭眼的瞬间，一定看到了很美好的景象。那大概，
就叫未来。

第六次会面

两个月以后，又一个周六上午，再次见到高山。

他说最近各种忙，签证、行前准备、培训机构那边的工作交接，事情虽杂乱，但所幸一件件都理顺了。他这次来是向我辞行的，预计两周后就启程去英国。

虽然那边还没有开学。但想早一些过去，暂时借住在朋友家里，提前适应一下环境。也许会遇见前女友，高山说，还是会把之前那只的戒指交给她。如果她还愿意接受，那就复合吧。想想这些年，一个人飘飘荡荡也不容易，如果能在一段感情上稳定下来，也算是对自己的一个交代。

在英国期间打算找份兼职，赚点路费，然后去美国看看。虽然不知"那个女人"（指他的妈妈）到底住在哪个州哪个城市，但那都不重要了。不为见她，只为成全自己，了却儿时的一桩心愿。

我问他，关于"口吃"的问题最近如何？

他说，差点都忘了这回事了。最近一忙，忙得连"口吃"都忘了。"看来人还是不能闲啊，一闲下来就什么毛病都来了。还是得忙，一忙治百病，早知道都不用来咨询了，直接找事情忙忙就好。你说是不是，Isabella？"高山一脸狡猾的笑，很是活泼。

"好吧，既然一忙治百病，那下次我就把你催眠了，让你去感受你很忙你很忙你很忙……好不好？"我打趣他。

"哈哈，原来心理医生也是会开玩笑的。Isabella，我可以约你喝咖啡吗？"高山笑着说，一副不经意的模样。

凭着咨询师的敏锐，我迅速嗅到这句话当中的微妙。细细一想，也还合理。高山喜欢的女性，比他年长，温柔包容，与前女友的交往开始于喝咖啡……也许，这是他潜意识的自然流露。也许，他自己也并未清楚地意识到。

我决定委婉地划出界限，不惊动他当下的良好心情。

"嗯……当然可以，谢谢你的邀请。但这可能意味着，我将失去作为你的心理咨询师的资格。因为咨询师一旦在现实中与来访者成为朋友，就会形成一些片面的印象，这些印象会束缚我们，让我们看问题的视角发生偏差，而不再能够很好地帮助来访者。所以，你要想好，是不是真的要炒我鱿鱼，要更换咨询师了？"我微笑着说。

高山微微皱眉，片刻，又笑了。"果然，不愧是心理医生，连拒绝都这么'心机'，我险些没听明白……好吧，Isabella，我可不想更换咨询师，未来在英国遇到问题，也还会约你电话咨询。我说过了，我只相信你。也希望未来，你还可以一如既往地支持我。"

【后记】

高山从我咨询室离开的次日，快递送来一个巨大的巧克力礼盒。里面有他手写的便签，说是一点心意，感谢我这段时间的帮助。因担心我不肯收，所以邮寄过来。

我煮了一杯咖啡，在窗边坐下来，晒着太阳，吃巧克力。一颗接着一颗。

忽然想到电影《阿甘正传》里的台词：

"生活就像一盒巧克力，你永远也不知道你拿到的下一颗是什么味道的。"

Part2

此生此爱未完成：

天堂有人爱着你

案例故事 6　此生此爱未完成

[题记]

"在同一人事上，第二次的凑巧是不会有的。我生平只看过一回满月。我也安慰自己过，我说：我行过许多地方的桥，看过许多次数的云，喝过许多种类的酒，却只爱过一个正当最好年龄的人。"

——《情书》，沈从文

2018 年，初秋。

那一天是催眠治疗师私教工作坊的第 3 天，我记得很清楚。

上午还是晴空万里，下午突然刮起了沙尘暴，飞沙走石，整个天空一片苍黄。从工作室的落地窗望出去，让人想起电影《星际穿越》里世界末日的景象。

室内，学员宇飞正带领大家做集体催眠练习，安静的空气里，只听见此起彼伏的呼吸声："是的，就是这样，你整个人都在放松了……现在请你发挥你最大的想象力，来到一个美丽温馨的夏日夜晚，路上有温黄的路灯，有三三两两散步的行人，清凉的晚风轻轻地吹拂过来，拂过你的脸庞，托起你的头发，带来草木清新的味道，让你非常放松，非常舒服，一切都是你喜欢的样子，你就在这里轻轻地漫步着……"宇飞的引导流畅而平稳，节奏感非常好，是优秀的新晋催眠师。我正打算放心地闭上眼睛，享受片刻的催眠，忽然听见细微的啜泣声。

顺着声音的方向看去，角落里的淑华泪水爬满了脸庞。宇飞有些慌乱，疑惑地看着我，不知自己做错了什么，明明是一段轻松愉悦的引导，怎么会出现这样的效果。我犹豫了一下，点点头，示意她继续引导，看看接下来的情况。

宇飞停顿了一下，调整引导语，试图加入更多积极的意象，以调整淑华的情绪："这是一个你非常喜欢的地方，一切都是你所喜欢的样子，去感受你内心的平静和淡淡的喜悦……"

然而，淑华的反应却完全背离预期，眼泪更加汹涌，啜泣声越来越大，最终变成崩溃地哭泣。她从催眠椅上坐起来，把脸埋在手心里，一边哭一边摇头，说："对不起，对不起大家，我实在忍不住了，实在忍不住了……"

大家纷纷睁开眼睛，从催眠椅上坐起来，关切地向淑华围拢过去。

案主：叶淑华，女48岁，某高校生物学教授，两个月前痛失爱人。来参加催眠治疗师私教班，是因为与爱人生前的约定。

同学们给淑华拿来纸巾，端来热水，轻轻安抚她的背，揽着她的肩膀柔声安慰。5位新晋催眠治疗师，课程还未结束就已进入了角色。

淑华的情绪渐渐舒缓下来，面露愧色，说："对不起各位，真的对不起，打扰到大家了。我知道我这样的状态不好，不该来，可我还是得来。这是我答应过爱人淮海的，我答应他一年了。去年我们就说好，我要来学催眠，回去给他做辅助康复，可我一直没有来，我放心不下别人照顾他。现在他不在了，我终于可以来了，可我现在学了还有什么用，他再也用不到了。可我还是得来，这是我跟他说好的事儿，我就要做到。即使他不在了，我也要做到……"淑华的眼泪像断了线的珠子，忍不住地往下坠。

宇飞抽出面巾纸递到淑华手里。淑华一边擦泪一边说："宇飞，真对不起。刚才你在引导的时候，你说的那个夏天夜晚那么美、那么幸福，我就想起了淮海出事之前的那天晚上。当时也是夏天，我们教师宿舍就在大学校园里。吃完晚饭我俩和平常一样，手牵手地去散步。校园里的桂花都开了，满树满树的又香又甜，学生们看见我俩走过来，都说陈老师和叶老师感情真好，每次散步都是手牵着手。淮海笑笑说，我俩又没孩子，我不牵着你叶老师牵着谁？那一天，就和之前的30多年一样，很平常，也很幸福。回家的时候淮海说：'真不想去出差，明天是咱俩的结婚纪念日，晚上还要去看电影呢。'我说：'去吧，那么多人等着你演讲，你不去多不好。你讲完就赶紧回来，走高速也快，能赶上看电影。'"淑华的面容温暖而柔和，好像又回到了那天晚上。

停顿了一会儿，眼神又忽然黯淡下来："可谁知道，他会在高速上出事儿呢？那条高速这些年他走了几十次，那么安全，那么熟悉，总共就一个小时的路程，怎么会撞车？他平常都系安全带的，怎么那天就没系呢？他出发之前还给我电话，说待会儿见，让我在家等他。想不到，那竟然是他跟我说的最后一句话……"淑华泣不成声。

宇飞紧紧攥着淑华的手，不知所措。我走过去，俯下身来拥抱她。淑华的身体好像寒风中的树叶，瑟瑟发抖。我知道，她的状态难以在短时间内平复。看了看身边几位学员，我说："大家两两一组，先去隔壁屋练习吧，我留下来陪淑华就好。"大家面面相觑，犹豫了一下，纷纷说："我们都要留下来陪淑华姐"。我问淑华："大家都想留下来陪你，你愿意吗？"淑华一边流泪一边点头："谢谢，谢谢大家，谢谢你们……"

于是，那天下午，催眠工作坊就这样变成了心理治疗团体。

后来，大家都说，那是一段毕生难忘的心灵历程。

第一次咨询：团体工作坊

我示意大家挪动座椅，在淑华身侧环坐成圆形。一者，每位成员都能看见彼此，方便眼神和肢体语言的交流；二者，座位的包围能帮助淑华获取安全感，她此刻最需要的就是人际支持的温暖与陪伴。

大家摆好座位，各自坐定，关切而安静地望着抽泣中的淑华。淑华沉浸在情绪里，难以开口。作为团体的带领者，我开启话题："关于淑华的事，我大概了解一些，在这儿跟大家先做个同步。待会儿淑华再跟我们进一步分享和补充。"

淑华第一次联系我，是去年的七八月间。她听了我在天坛医院的讲座——《催眠疗法在肿瘤心理康复中的应用》，之后加我微信，说想要学催眠。当时，淑华的丈夫陈淮海教授因车祸脑部受伤，身体全面失能，已卧床两年。淑华尝试过各种办法，包括：西医的开颅手术，中医的针灸按摩，康复医院的恢复训练，以及国外号称高科技的电刺激治疗，全都试遍了，丈夫依然没有好转的迹象。抱着最后一丝希望，淑华想要学习催眠，尝试以此辅助丈夫的大脑机能修复。我对淑华说，"叶教授，我不确定催眠疗法对于脑外伤的恢复可以有多大帮助，虽然理论上可行，但目前为止还没有相关的文献佐证。"淑华说："没关系，只要有一线希望，我都想试试。唐老师，你下次催眠班是什么时候？我安排好家里，就来找你学习。"

在这之后，一年多过去了。再见到淑华便是此次的工作坊上。

淑华一边听我说，一边不时点头："是的，唐老师，一年多了。上次跟您微信联系的时候，正是带着我们家淮海来北京住院。淮海年轻时曾在北京念书。从本科到博士后，一直是清华的高才生，在这边有不少同学朋友。大家听说他出事了，都很挂心，到处帮他联系，找北京最好的专科医院、最好的医生。我们学院里也很重视，都说陈教授是个好人，平日里最受学生爱戴，全院师生自发给他筹钱捐款。我就这样带着淮海来到了北京。医生说，那是一次很关键的手术。如果成功了，就有康复的希望；如果失败了，以后就再没有手术机会了。那段时间我彻夜失眠，每天只能靠听你的催眠音频，睡上那么两三个小时。"

"后来，手术成功了。从 ICU 转回病房的那几天，是他生病以来我最开心的日子，整个人好转非常显著。之前，基本对外界的刺激都没有反应，但那些天反应开始出现。有一次，我拿着一块巧克力走进病房，他平时最爱吃巧克力。当时一闻到味道他就激动了，一下从病床上爬起来，闹着要吃，像个小孩似的等都等不及，护工都拦不住。我心里特别开心，我觉得老天终于开眼了，我们家淮海有救了。我就想着什么时候出院，什么时候回家，之后带他去哪家医院做康复。谁知，几天以后，他突然高烧，紧接着癫痫大发作。医生说是术后感染引起的并发症。此后，再也没有手术价值了，只能带回家保守治疗。所以，从那次回去后，我再没有来过北京。"

"身边的亲人和朋友都劝我，想开点，找个护工照顾着就行了，我还是得有自己的生活。可我做不到。我不相信，他就这样没救了，我觉得总会有办法的，他一定会好的。于是，我带他去扎针灸，每天给他擦洗、按摩身体，读书给他听，跟他说话，用轮椅推他出去散步。我想来学催眠，每天用不同的脚本给他做催眠康复。"

"我问他：'淮海，你觉得催眠会对你有用吗？'他不能说话，他就那样看着我，眼神特别温暖。我当时就掉眼泪了。我说：'好，我一定去学，学回来给你做啊。'"说到这里，淑华再度哽咽。

"你们不知道，前两个月淮海刚过世的时候，他们安慰我，说：'你照顾一个失能的人三年多了，太不容易，如今也算一种解脱。'我说：'不是，真不是的。我照顾淮海不觉得负担，哪怕他不能说话，他就这么看着我，我也觉得温暖。睡觉的时候，我还拉着他的手，心里就踏实。我们结婚20多年，没有孩子，我觉得这不重要，我们有彼此啊，只要有他，我就不孤单。我跟他这辈子，日子还没过够呢。'"淑华的眼睛哭得红肿，眼里满满都是往事。

"淑华，你答应淮海的事现在做到了，你看，你就坐在我们中间，在我们的催眠工作坊上。对不对？"我说。

淑华用力点点头："嗯，对，我做到了，淮海会高兴的。"

这时，一直在旁边安静倾听的宇飞举起了手，我点头，示意宇飞说话。

"淑华姐，听了你和陈教授的故事，我很难过，也很感动。从小，我在一个离异家庭长大，三四岁的时候，父母开始打架，八岁的时候，他们就离婚了。那以后，他们各自找过好几个伴侣，分分合合、吵吵闹闹。我不愿住爸爸家，也不愿住妈妈家，他们的家都乱糟糟的，没有爱。

长大以后，虽然很多男孩追求我，我却没有认真谈过恋爱。我不相信爱情，不相信婚姻，不相信人和人之间可以患难与共、不离不弃。直到听了你和陈教授的故事，我忽然觉得，这世界上是有爱情这种东西的，它真实存在，并且强大坚固，不会被时间、苦难和生活的无常所改变。是你让我看到这一切，淑华姐，我真的特别感动。"宇飞的声音颤抖，眼泪也跟着掉下来。

淑华不住地点头："是的，宇飞，真的是这样。我要告诉你，世界上真的是有这种感情的。你应该相信爱情和婚姻。我和淮海只是许许多多恩爱夫妻中，最普通的一对。"

"从少年时代起，我们就认识。小时候，淮海一直是我崇拜的对象。他那样优秀、聪明、才华横溢，是我们那一带出了名的学霸。我们两家离得很近，我常常假装不会做题，跑去找他问作业。每次他都很耐心地为我解答，从不嫌烦。我总觉得，他解题的样子特别帅。后来高考，他毫不意外地考上了清华，成了我们全校师生口口相传的骄傲。那时候，我就悄悄地想，以后谁要是成为他的妻子，一定是世界上最幸福的事。"

"后来，又过了两年，我也考上了北京的大学。他特别高兴地来火车站接我，把我送到学校，安置好，又三天两头跑来看我，处处照顾我。我这才发现，原来他的梦中情人竟然也是我。那种感觉，就好像自己中了五百万大奖，幸运得让人不敢相信。"

"之后，我们开始恋爱。从大学到研究生，再到博士、博士后，我们一直感情很好。毕业以后，我回到老家的一所高校任教。为了迁就我，淮海放弃了北京的大好前程，也回到老家，跟我在同一所高校任职。我替他惋惜，他却不以为然。他说，是金子到哪里都会发光。"

"高校工作的这些年，淮海特别努力。即使在我们那样的地方院校，各方面资源条件远不如北京，淮海也凭借学术上卓越的天分和刻苦努力成为了学术界的翘楚。在生活中，淮海也很善良和蔼，常常帮助身边的同事和贫困学生，从日常关怀到经济上的支持，只要能帮上忙的，他都责无旁贷。大家每每提起陈教授，都交口称赞，逢年过节总有许多已毕业的学生回来感谢淮海。"

"他是那么好的一个人，命运为什么要这样对他？不公平，太不公平了，让人想不通啊……"淑华用手捂着胸口，心痛难当。

学员小珍是工作坊里年纪最小的学员，在读研究生还没毕业。淑华在诉说的过程中，小珍一直很认真地听着。此刻眼眶也是湿湿的。小珍说："淑华姐，听完你和陈教授的故事，我真的好羡慕。我曾经想，一个人怎样过一生才算没有遗憾？我的答案是，奋不顾身地爱过一场，并且此生都不后悔如此爱过。我觉得，要遇见这样一个值得的人，好难。能遇见又能跟他相守一辈子，更是人生之大幸。淑华姐，我真的很羡慕你，能拥有这样一份感情。"

淑华含泪的脸上露出微笑："是的小珍，谢谢你。我的确是幸福的，这辈子能嫁给淮海，就是我最大的幸运。虽然我们没有孩子，但这辈子我们都给了彼此，一点儿都没有浪费。"

"以前他忙的时候，常常出差，去外地讲课、做学术交流，我抱怨他陪我的时间少。自从他生病以后，就哪也不去了，天天陪着我，一陪就是三年多，把以前欠我的时间都补上了。也许，这也是老天对他的恩赐吧，他以前工作太辛苦，所以老天让他好好歇歇，以前都是他帮助别人，他病了就让大家来帮助我们，光是看病的捐款，大家就给他凑了二百多万，我这心里感动得不行……"

"是的淑华，"我缓缓地说，"一个让大家如此倾尽全力去帮助的人，必是善良大爱之人。上天一定厚爱淮海。如果说，人的命数冥冥中自有注定，那我猜，或许淮海的定数原本就是高速路上出事的那一天。但上天仁慈，不忍心让你们就此分开，于是多给了他三年，让他好好陪你、好好休息，让所有爱他、感激他的人能有机会为他做点事情。"

"唐老师，你说得对，我以前怎么没想到？真的是这样，老天一定是厚爱淮海的，"淑华不住地点头，"他去世的整个过程都特别平静特别快，一点罪都没受，没有痛苦，凌晨5: 00 在睡梦中就走了。一定是上天心疼他，舍不得他受苦。他去世的那天晚上，我做了一个梦，梦见学校的大礼堂里，大家都在等他做讲座。他穿着西装，打扮得很精神，走到讲台上鞠了一个躬，微笑地看了看大家，然后转身，下了讲台就往外走。我上前想叫住他，他转过头来，看看我，好像说了些什么，我没听清。他看着我温暖地笑，之后转身走了出去，再没有回头。我想追上去拉住他，可一转眼他就不见了。"

"醒来，就接到医院的电话，说他刚刚去世了。我想，那天晚上，他一定是来梦里跟我告别的。他一定舍不得、放不下我，他到底跟我说了些什么？我怎么会想不起来呢……"淑华的眼神里，是深深的思念与懊恼。

我说："淑华，没关系，明天的工作坊上我们演示一个梦境回溯，帮你回忆起淮海对你说的话，好不好？"

淑华听闻可以做回溯，很激动，一个劲地点头："好，太好了，谢谢你唐老师。这些是淮海最后对我说的话，对我太重要了。如果能想起来，我这辈子真算是没有遗憾了。"

那一天，我们一直聊到晚上7：30。淑华的故事引起了大家的情感共鸣，后来，大家纷纷讲起了自己的故事，聊得很深、很动情，全都泪流满面。结束的时候，大家深深地拥抱了彼此。淑华说，大家的分享给了她温暖和力量，让她不再孤单。她觉得，就好像淮海一直在守护她，大家都是淮海拜托来照顾她的天使，带给她深深的安慰和感动。

第二次咨询：梦境追溯

次日清晨，学员们都来得很早。对于昨天的团体分享显然意犹未尽，仍在投入地交谈中。我提醒三次"上课了"，大家才恋恋不舍地收起话题，把目光放在我身上。

我还未开口，小珍率先提议，先给淑华姐演示梦境追溯，之后再讲授其他内容。大家一致赞成，都很期待。淑华有些不好意思，一边谢谢大家，一边坐到了催眠椅上。我准备好音乐，之后，在淑华身侧坐了下来。

我轻声说："淑华，待会儿我会把你导入催眠状态，回到淮海去世前夜的那个梦境里，你将会回忆起淮海对你说的话。你可以说出来让我们知道，也可以自己默默地听在心里。当你醒来，你会记得他所说的一切。"

淑华点点头，闭上眼睛，说："好，请开始吧。"她的嘴角有淡淡的微笑，我知道，那是思念的弧度，她等不及要去见他了。

导入的过程平稳而顺利，很快，淑华便进入了深深的催眠状态。

"等一下，我将从 5 数到 1。当我数到 1 的时候，你就会回到淮海去世前夜的那个梦境里。5-4-3-2-1……如果你已经回到了那个梦境里，请你轻轻地动一动你任何一个手指。"我在安静中引导她。

淑华的手指动了动，她微微皱眉，闭着的眼睛不断眨动。

我暗示她："你在深深的催眠状态之中，但你可以开口说话，告诉我，你看见些什么？"

一如大部分受术者在深度催眠中的表现，淑华有些吃力地开口，声音很轻，语速很慢，"我在学校阶梯教室的大礼堂里……讲座还没有开始，屏幕上投影着淮海的大幅海报，旁边写着'主讲：陈淮海教授'……学生们都坐满了，他们都爱听淮海的讲座，每次都把会场坐得满满的……有几个学生认出了我，把我请到第一排去坐着。好吧，坐这也好，看得清楚……"淑华的脸上有幸福的微笑。像初恋的女孩，满怀甜蜜，等待着即将赴约的恋人。

安静了一会，我见淑华没有再说话，接着引导她："现在呢？现在……"

"嘘……"淑华打断我，"小声点，开始了。主持人正在说话呢……"

"嗯嗯，主持人在说什么？"我放低声音，轻轻地问。

"他在介绍淮海……陈淮海教授，江苏省南京市人，生于1966年，死于2018年……"淑华的声音渐渐哽咽，眼泪缓缓地滑落下来。

"你看见淮海了吗？"我问。

"看见了，他来了……他穿着西装，打着领带，很精神，是年轻时候的样子。他走到讲台上，底下都是掌声，他微笑地看着大家……他看见我了，冲我点头呢，笑得很温暖……他对大家鞠了一个躬，然后转身，走下讲台，一个人就往外走了……哎，他走得好快，不行不行，等等我啊……"淑华声音焦急，眼泪越发汹涌。

我赶紧给她引导，"等一下我会从 3 数到 1，当我数到 1 的时候，你就会来到淮海面前。3-2-1……现在，你已经来到了淮海面前。你能感受到他吗？"

淑华的情绪平静下来，她轻轻地点头，脸上都是泪水，却又绽开了笑容。

"你能听见他说话吗？"我问。

淑华点头，不再说话。

我知道，她一定是在跟淮海说话。他们有那么多的话要说，半生的爱与深情，四十多年的相思与不舍。她需要数不尽的时间，去与他话别，去接纳他的离开，去面对这没有他的世界……可惜，她能拥有的却那么少，只有短短几分钟而已。

我说："淑华，现在我把时间交给你，你可以自由地和淮海说话，等你说完，动动任意一个手指，示意我就好。"

室内那样安静。只有音乐声，人的呼吸声，和挂钟秒针前行的声音。所有人的目光都落在淑华的手指上。淑华眼角不断滑落的泪珠，似乎在时间里流逝成了一幅动态的沙画。

大约过了 5 分钟，淑华的手指动了。她的嘴唇微微开启，声音清朗，说："好了，说完了。他走了。"所有人悬着的心，都放了下来。

我问："那你还有什么话，想对他说吗？"

淑华闭目的表情舒缓而平静，泪水已经平息下来。她轻轻摇摇头，说："没有了，都说完了。"

我让淑华在安静中停留了一会，稍做休息，然后把她带出催眠状态，唤醒。

至此，时间是一小时整。

醒来后，淑华的情绪平静而安然。大家都很安静，关切地围坐在淑华身边。淑华看看我，又看看大家，说："唐老师，各位，谢谢你们，让我有机会能最后再见淮海一面，跟他好好告了个别。现在，我终于没有遗憾了。谢谢你们！"宇飞第一个上前，给了淑华一个大大的拥抱。然后，大家一一拥抱了她。

淑华说，在梦境中淮海跟她说了很多话。他们约定，下辈子还要遇见彼此，还要做夫妻，然后生两个孩子，一个男孩一个女孩，一个像淮海一个像她。一家人，相亲相爱，把这辈子没过完的幸福日子，都给补回来……

第三次会面：半年后

五天的催眠工作坊结束了，大家又很快回归各自的生活。在微信群里还会常常彼此问候，但约了好几次的聚餐却一直没有成行。毕竟中国太大，大家天南海北，来北京聚会一回实在不易。

再次见到淑华是半年后。她所任职的高校请她来北京参加学术交流会，会后，她又一次来到了我的工作室。

初冬的北京，寒风凛冽。咨询室内，却是透过落地窗洒了一屋子的阳光。

我和淑华相对而坐，泡了一壶茶。安静地，斟满两个茶盏。

我说："淑华，这半年还好吗，有没有再梦见淮海？"

淑华接过茶盏，喝了一小口。"说来也怪，这半年来，我夜夜盼着梦见他，可一直梦不到。昨晚想着今天要来见您，结果，夜里竟梦见他了。"

我微笑："哦？这么神奇，快说来听听。"

淑华说："我梦见母亲和姐姐正在劝我，说再找一个吧，人老了也得有个伴儿。我想想，觉得也是。淮海临走前的那个梦里，他也这么劝我的。于是我说，好吧，你们安排，我见见，试试看。然后，她们就给我安排了一场相亲。结果，你猜怎样？来相亲的那个人长得和淮海一模一样，我心里激动极了，眼泪都出来了，然后……就醒了。虽然，只是一个梦，但醒来还是觉得很温暖。我知道，一定是淮海放心不下我，又回来看我了。你说对不对，唐老师？"

我点点头："是的，淑华。在心理学里，弗洛伊德认为'梦是愿望的满足'。如此看来，是你的潜意识里希望，遇到的下一个人也会像淮海一样，与你相知相惜、恩爱相伴。淑华，淮海在天之灵一定会守护你、祝福你的，在下一段感情中，你也会找到自己的幸福。这一点，你要有信心。"

淑华看着我的眼睛，沉默了许久。之后，从包里取出一个厚厚的笔记本，递到我面前："唐老师，你能帮我一个忙吗？这个，是淮海去世后，这大半年来我给他写的信。断断续续的，不知不觉一个本子也快写满了。我想，请你帮我保管它。半年前，就是在你这里，在梦境中我答应淮海，要再找一个伴儿，好好生活下去。可是，带着这些回忆，太沉了，我舍不得放手！如今，我把它交给你，你是懂得我和淮海的人，你会善待它。往后，我要努力走出来，像答应过淮海的那样，努力开始新的生活。"

淑华走后，我翻开笔记本的扉页，里边用端正的小楷抄着一句话：

"在同一人事上，第二次的凑巧是不会有的。我生平只看过一回满月。我也安慰自己过，我说：我行过许多地方的桥，看过许多次数的云，喝过许多种类的酒，却只爱过一个正当最好年龄的人。"

——《情书》，沈从文

我轻轻合上本子。我知道，里面一定写满了他们的故事。

我在书架上选了一个最隐蔽的角落，把它放进去。

也许，多年以后，会有人无意间翻到这个本子。里边的文字会告诉他们，这个世界上，曾经有多么美的一段爱情，活过，爱过。

Part3

假如爱有天意：

轮回的梦境里，遇见自己遇见你

案例故事7　一世功名一盏茶

[题记]

昨夜偶读岳飞的《小重山》，有半阙词格外触动我："白首为功名。旧山松竹老，阻归程。欲将心事付瑶琴。知音少，弦断有谁听。"读罢有片刻的怅然。不知怎么就想起了一年前叶明先生的案例，于是决定写下来供大家观想。我曾答应先生，愿以此事作序写在先生新书的扉页上，无奈一直懒散倦怠，终未成文。以下文字若蒙不弃，谨对先生聊表歉意。

2013年的冬天，叶明先生从朋友处得知我正从事催眠疗法的实践，于是辗转找到我。那一天下午四点，叶明先生一进门，环顾四周后便径直往催眠沙发上一趟，闭目说："催吧，开始。"
我几乎当场石化。

案主：叶明，男，48岁，出身中医世家，传承祖辈风骨，医术精湛，最爱攻研各种疑难险症，享受绝境逢生的意趣。

和我印象中清心淡泊的医者不同，叶先生的气场是明亮张扬的，人当锦年，踌躇志满，神色和我常见的来访者们大相径庭。我不禁疑惑，这样的人物怎会出现在我的咨询室里？

我坐定，看着自顾闭目的叶明先生，竟有片刻无奈的感觉。他听我半晌不语，睁开眼睛，问："怎么还不催？"我终于没能忍住笑意。

叶明先生对于我介绍什么叫催眠以及催眠的工作原理，确实是兴趣不大的。他左手一直不断地摩挲着指间的串珠，恨不能跳过这个片段，直接切入主题。而我却必须弄明白，坐在我对面的这个人，究竟出于什么理由来做这一次催眠，他所求的是什么？他的敏感程度又在哪个水平？

或许整个过程算不得一次理想的沟通，但最终叶明先生还是向我吐露心迹，他行医多年，虽救人无数，却唯独治不好自己的亲哥哥，眼睁睁看他受困于一种奇特的肢体麻痹症，行动不便，多年无法痊愈。一个偶然的机会，叶明先生听说催眠中有一种疗法叫作"前世回溯"，因此想来尝试一下，试图探索这一段渊源，看一看过去的种种，有没有任何一丝线索，可以解开今生的遗憾。

我想，我是可以理解先生的隐痛的。身为医者，最痛莫过于济得天下却救不了身边人。只是我却不确定，所谓前世疗法能帮得了他几分。

我说："叶明先生，诚实地说，我并不知道人到底有没有前世。催眠疗法里的'前世回溯'是一项心理治疗技术的名字，强调的是治疗效果，而并不去论证'前世'这件事情的真实性。从心理学角度，我们认为所谓的'前世景象'其实是我们潜意识的'投射'，就好像'日有所思，夜有所梦'。在催眠状态下，潜意识幻想出一个充满情节的故事，以满足我们深层的心理需求，这个故事呈现的方式，就是所谓的'前世记忆'。当心理需求得到满足，心理问题也就得以缓解，于是'前世回溯疗法'的疗效就出现了。"

如果说，我也算是一位"医者"，我与叶明先生的不同在于：他的一针扎下去，便可知气血如何运转、经络如何连通；而我这一程走下来，面对的却是万千可能，不知心念流转落向何处。不过，我相信人的本能是趋向自我疗愈的，先生既相信催眠可以帮到自己，我便责无旁贷应助他一臂之力。

在得知叶明先生长期修习冥想和坐禅后，我推断他的敏感度应该是好的，于是决定跳过深度层级测试，直接进入催眠回溯的引导。此时正好是下午 5 点，一天当中人脑 α 波最平稳的时期，催眠师最爱的黄金时段。先生的运气真好。

一路顺风顺水，大约四十分钟后，叶明先生便达到了理想的催眠深度，开始进入"前世回溯"。

"我……就站在我家门口，很旧的木门，颜色很暗……我穿着灰布长袍，深色的布鞋，很旧……头顶扎着灰布头巾……我是一个行医的人，我叫敏德（大概是这个发音）……"

"我走进院子……墙角有一棵大树，树下有一个碾子……那是一个碾药的碾子，不是碾粮食那种……房间里没有桌椅，有一个小案几，上面堆了一些书，还有纸笔……家里很清贫……我应该是一个人，没有结婚……家里太穷……"

我引导他把时间继续推移，去寻找那一世有意义的事情，或者快乐的景象。

"我每天都去山里采药，换钱养活自己……山里有一棵老树，我在它底下挖出了一颗上好的人参，非常漂亮，我太开心了……"

"……下山以后，我好像在给一个小孩治病。大家都说这孩子快保不住了……这不是一个普通的孩子，好像是一个什么官员或者权贵家里的孩子……我在给他开药，写药方……"

或许是专注于思考药方的内容，叶明先生竟沉默了许久不语，对我的引导也不做反应，我有一瞬几乎在怀疑，他是不是中途睡着了？于是轻触他的手指以做试探，一边引导"如果你仍在写这个药方，请动一下你任何一个手指让我知道。"

叶明先生略有些不满地做出回应，动了动手指。我稍感安心，知道他仍在催眠状态之中。但接下来一段较长的时间内，他却继续迟迟没有反馈，仿佛所有的引导语都被忽略或屏蔽，我逐渐陷入越来越被动的境况中。在深度催眠状态下，催眠师和受术者的连接突然中断是极少发生的事情，但却有着高度风险。乐观来看，若受术者只是陷入睡眠，则没有大碍，睡醒即可。但不乐观来看，若受术者被困于不良情境（如悲伤、恐怖的场景）中，而受不到催眠师的引导和保护，有可能会最终惊醒，之后执着于当时的消极心境，久久无法平复。（我曾听一位朋友提起她的切身经历，由于催眠师处理失误，导致她惊醒后极度悲伤，大哭不止，之后无法再次接受催眠，以至该情绪无法解除。她用了整整半年的时间自我调适，方才缓解过来。）这对受术者而言，会带来不必要的伤害。而这样的情况，亦是决不允许发生在我咨询室里的。

我仔细观察叶明先生的表情，专注而平静，应该处在较为平和的场景之中。看起来不用太担心。我掐着时间，决定再给他五分钟，如果仍没有任何响应，我将提前唤醒他，以确保疗程安全万无一失。

所幸，在最后一分钟我即将放弃的时候，叶明先生幽幽地开口了。

"药方开完了……那个小孩后来病好了……我变得很有名望……有很多当官的人或者富贵的人来结交我，我看见……我和他们在一起……我好像也慢慢变得富贵……"

我悬着的一颗心终于落下，暗暗松了一口气。原来，名医开个药方需要花那么长时间，还真是我太沉不住气了。听叶明先生的叙述，似乎那一世的际遇突现转机，由贫困潦倒渐渐平步青云。于是我继续引导他，去看看那事业上最顶峰的时刻吧。

"我看见一个大殿……大殿的上方坐着一个像是王或者大官打扮的人……我坐在很多官员中间，我们都坐在大殿的下面……我们一起喝酒……我的装束和那些官员们很像，应该也是和他们差不多身份的人……"

"……不知道为什么，突然有人站出来指认我什么罪名，那个王或者大官就怒了……大家都跪下了……有两个士兵冲上来押着我跪，我不肯，我根本没做那些事……但他们还是逼我跪下……有两个官员好像在为我求情，说我是个好人、好大夫，求殿上那人放过我……我心里又委屈又气愤，却不能辩解……"

叶明先生说着，情绪也跟着渐有起伏。我知他是心有不甘，想看到这件事情的结局，于是接着引导他。

"我的周围……很黑……好像被关在一个笼子里……光线很暗，很黑……有一个人喊我的名字，递给我一杯酒还是一杯茶什么的，叫我喝了……我知道里面是毒药……我是一个大夫……我救了一辈子的人……到头来，自己却落得这么个结局……"

眼泪顺着叶明先生的眼角急剧地滑落下来，我能感觉此刻他心中的凄凉与悲愤。我问他是否有什么话想说，他泪流满面，不住的摇头："我不甘心啊……真的不甘心……苦了半辈子，好不容易熬出头了，怎么会是这样……"。不知可以说些什么，我只能给他足够的时间，等他在喃喃低语中慢慢平静下来。直到他不再说话，我轻轻地引导他，离开了那一世，慢慢睁开眼睛，清醒过来。

　　时间已是将近 7 点，傍晚的天空刚刚黯淡下来。窗外华灯初上，三环路上穿行的车流灯光点点，灿若星辰。一眼望过去，整个世界流光溢彩，恍若隔世。叶明先生把脸深深埋进手心里，久久沉默。

　　我开亮灯光，为他倒了一杯茶，在安静中等他平复。良久，他抬起头来。

　　"仔细想想，前半辈子虽然穷虽然苦，却还活得自由自在。想不到，好不容易熬出头了，当上官了，却被人陷害，到死也就是一杯茶。不甘心啊……努力了一辈子，就换这么一杯茶……"

　　"我有没有跟你提过，前段时间有一个商业项目，有几位开发商邀我一起合作？"叶明先生这一问倒让我有些茫然。未及我反应，他接着说："我打算推掉这个事情，不做了。上辈子，我死在名利场上；这一世，不想再重蹈覆辙。争那些名啊利啊的有什么用，到头来不也就那么一杯茶么……"叶明先生端起手边的茶杯，一饮而尽。

我知道，那是属于他的人生，属于他的选择，我亦只需陪伴，无须懂得。不管他今日究竟是为何事而来，他都寻得了想要的答案。不管这答案是否真的源于前世，那必是忠于他内心的决定。对或不对，得失成败，又有何区别？内心的安稳，才是现世最大的福报。

末了，我记起他来时提到哥哥的事，于是问他是否找到任何有帮助的线索。叶明先生说，虽没有直接找到，但为那小孩写药方的过程中，他看见自己用了三味猛药相撞。他说，这种用法别说从未见过，以前更是连想都不敢想的，实在太绝妙了。回去再仔细琢磨琢磨，或许对病情会有所帮助。闻言，我为他的意外收获感到欣慰，也祝福那位哥哥在他的悉心调治下早日康复。

当然了，我不知道，叶明先生看到的，到底是前世？还是自己的想象？或是梦境？不过，这些于我而言都不重要。重要的是——他来了，寻到自己想要的答案。他离开，此后的路因而不同。看清自己的内心，才能做出忠于内心的决定。不论前路怎样的风景，从此可以无怨无悔。作为一个心理咨询师和催眠治疗师，这便是我所盼望的结局。

这世间，都知富贵折腰、功名误人，而"白首为功名"却仍是千古男儿的宿命。登高而临崖，木秀而风摧，这人生的际遇，一桩桩一件件，又有哪一步真的是站在开头时料不到的结局？所谓人生之大幸，不是百劫不死，而是迷途折返后的柳暗花明。

案例故事 8　九个世代的启示

［题记］

我们永远没有任何证据来证明，慧欣看到的，到底是前世？还是自己的想象？还是梦境？不过，这些于我们而言都不重要，重要的是，慧欣的生命状态由此不同，她对生活和工作的领悟，与身边人的关系，以及对待自己的态度都发生了翻天覆地的改变。作为一个心理咨询师和催眠治疗师，这便是我所盼望的结局。

2014 年，在咨询室的初次见面，慧欣便向我询问起催眠状态下的"前世回溯疗愈法"是否真实存在。自从去年读了布莱恩

·魏斯博士的《前世今生》这本书，书中女患者凯瑟琳的 81 个前世故事让慧欣久久不能忘怀。"催眠是真的吗？前世是真的吗？'前世回溯'又是真的吗？"

面对慧欣的一系列疑问，我微笑摇头。

"催眠是一种传统的心理治疗方法，早在二十世纪就盛行于欧洲。催眠治疗师通过特定的语言引导把来访者导入稳定的安静脑波状态，在此状态下对心理问题进行处理，用暗示语和来访者的潜意识做沟通，从而达到心理治愈的效果。心理学历史上，我们熟悉的精神分析学鼻祖弗洛伊德也曾师从催眠大师沙可和伯恩海姆，学习和使用催眠疗法近十年。近代的催眠疗法盛行于美国，以耶鲁大学医学博士布莱恩·魏斯的《前世今生》四册书为代表，大批美国和欧洲学者开始探索催眠状态下的'前世回溯疗愈法'，比如，心理学博士迈克尔·纽顿的《灵魂之旅》，美国科学探索纪录片《Life Death & Reincarnation(生死与轮回)》四集。但催眠疗法里的'前世回溯'其实是一项心理治疗技术的名字，它强调的是治疗效果，而并不去论证'前世'这件事情的真实性。从心理学角度，我们认为所谓的'前世景象'其实是我们潜意识的'投射'，就好像'日有所思，夜有所梦'。在催眠状态下，潜意识幻想出一个充满情节的故事，以满足我们深层的心理需求，这个故事呈现的方式，就是所谓的'前世记忆'。当心理需求得到满足，心理问题也就得以缓解，于是'前世回溯疗愈法'的疗效就出现了。所以，'前世回溯疗愈法'，它可能与所谓"前世"的关系并不大，而更多是我们自己的潜意识层面呈现给我们的答案和解释。"我的作答让慧欣沉思了许久。

　　案主：慧欣，女，33岁，任职于一家NGO，做文职工作。生活中性格安静，热心于公益活动，朋友交际良好。前来咨询是因为长期情绪较压抑，常无缘由的悲伤和愤怒。家庭中尽管丈夫待自己很好，但自己对丈夫却有排斥和怨念，虽心有愧意却无法自控。和母亲的关系一直较冷淡，多年来似乎已经适应，但内心却渴望母亲的沟通与理解。身体上，不时感觉左侧肋骨下方隐隐作痛，也查不出原因。近两年来常参加各种心理工作坊和心理疗愈活动，但一直没有收获满意的效果。所以，此次慧欣想要尝试一下催眠的"前世回溯疗愈法"，希望可以从中获得帮助。

　　经过深入的初诊会谈，我和慧欣一起填写好咨询表格和协议，并约定了第一疗程的次数和时间。计划以四次作为一个疗程单元，根据实际情况循序渐进，灵活调整每次催眠治疗的内容以及两次之间的间隔。第一疗程结束后，再酌情商定第二疗程的安排。（这在之后回想起来，慧欣的进步之快着实出乎我的意料，仅仅四次之后，便出现令人欣喜的转变，甚至计划中的第二疗程也没必要了。）

第一世　临终看见布达拉宫

与慧欣约定的第一次催眠时间是 5 月的一天上午。初夏的早晨阳光温和，让人心情舒畅。上午 10 点，慧欣如约而来。我们先简单会谈，讨论一些她的个人喜好，为后续的催眠场景设置做铺垫。接着我介绍此次催眠治疗的内容：第一次催眠的目的，是让从未接触过催眠的慧欣感受一下什么是催眠。我们计划仅进行催眠深度的层级测试。当然，如果慧欣敏感度非常好的话，我们可以尝试往下继续。

催眠开始以后，我发现，之前对慧欣敏感度的担心完全多余了。大概一小时左右的引导，慧欣完全进入了深沉的催眠状态中，顺利达到四级以上的催眠深度。我感觉可以直接尝试"前世"，于是继续引导，果然，几分钟后，慧欣脑中便出现了隐约的画面。

"满眼都是延绵起伏的群山。我坐在一辆车上，旧式的汽车，开在山路中间。我是一个男人，白种人，四十多岁，穿棕色的皮鞋，棕色的裤子，白上衣，外面套着马甲，名字好像叫戈尔泰（或者类似的一个发音）。旁边坐着我的妻子，看上去也是四十多岁，她叫EVE。我是一家小工厂主，我们现在要去工厂里看看。这里……这个地方好像是澳大利亚。"

"工厂看起来还不错，厂房有两层楼。我和EVE站在二层，看见底下的工人们在往锅炉里添煤……看不清他们在生产什么。这或许是一家生产煤炭的工厂……或许又不是……我不确定……这里的人我都不认识。"

"离开工厂后，我和EVE去参加一个Party。宴会好像是在草坪中间的一个大帐篷里，女人们穿着艳丽，男人们穿的也很正式，端着酒杯谈笑风生。离我很近的一个男人和我打招呼，笑着谈论最近的天气和无聊的话题……不知道EVE去哪了，但我突然觉得很厌倦，厌倦这种生活，觉得空虚无聊透不过气，想要逃开……"

"……我去到一个教堂。一个人，坐在前排的长椅上。每次这种对生活的厌倦感袭来，我都会来这里。安静地看着十字架上的耶稣发呆。这有一个牧师，我们偶尔会聊天，但并不真正聊什么。我只是觉得空虚，烦透了这种醉生梦死的生活。我想卖掉工厂，离开我的妻子……我突然意识到自己并不爱她，这一点让我更加沮丧。我想去很远的地方，去看远方的风景，去做点有意思事，而不是整天困在这里如行尸走肉一般……"

"56 岁的时候，我终于卖掉工厂，离开了妻子，踏上独自远行的旅程。我看见自己在山花烂漫中行走……我看见自己乘坐轮船漂洋过海……我看见自己拄着拐棍跋涉在雪山脚下的岩石之间……我感到从未有过的自由和快乐……"

"……我终于走不动了，这里或许就是我生命的终点……我看到天空无比湛蓝，听见僧侣们的唱颂，这里……好像是布达拉宫脚下。我已经 69 岁了，很高兴能死在这里……我感到自己慢慢从身体里飘浮出来，看见那具枯瘦的身体，花白的头发，安详的面容，很高兴这一世，在死前能做自由快乐的自己……"

时间到此将近两个小时。作为第一次接受"催眠回溯"的访者，慧欣看见的细节已经相当的丰满和生动。我决定把她唤醒，再来探讨这一世对于她的意义。

在我的引导下，慧欣慢慢从催眠状态中清醒过来。

"刚才那些，真的是我的前世吗？"这是慧欣醒来后问我的第一句话。

"谁知道呢？或许是，又或许不是。"我微笑回答，"重要的是，这个故事为什么会出现在你的脑海？从那一世的经历中，你又有什么样的感悟？潜意识不会给我们无用的信息，它把这个故事呈现出来，必然其中有你想要的答案。而这个答案，只有你自己可以解读。"

慧欣沉思了一会："那一世，那种空虚和无聊的感觉给我印象很深。前些年我就处于这样的空洞感之中，每日浑浑噩噩，找不到生活的方向。后来加入了NGO，专门从事救助他人的工作，自此才发现，自己对于他人的价值与我而言是很重要的意义所在。从去年开始，我接触到一些佛教的经典书籍，觉得对自己很有帮助，更对佛教圣地西藏充满了向往。现在想来，我今世对空虚的强烈抗拒感，以及对佛教的好感，都和那一世的经历有着莫大的关联……"

离开咨询室的时候，慧欣显得比平时沉静许多。我想，她或许还沉浸在对那一世信息的思考中，或许还有更多的感受，她没能用语言表达出来。

第二世　雾都遗孤

两天以后，慧欣来找我进行第二次催眠。有了上次的基础，这次的催眠导入环节显得尤为顺利，大概四十分钟左右，慧欣就到达了理想的催眠深度。这一次慧欣看到了一个令她心碎的前世。

"我是一个金发的小男孩，12岁。这里是中世纪英格兰的一座庄园。我的父亲为这个庄园工作，我们的家就住在庄园后面的一个简陋的农舍里。我正在家附近的一棵树底下闲逛和等待。我的妈妈病了，但她现在屋里生孩子，爸爸和她在一起……我看见一个不认识的女人抱着一个婴儿出来，是一个女孩，她说那是我的妹妹……等一下，我的妹妹……好像……是我这一世的丈夫……"

"我的妈妈呢？我想去找妈妈……哪里都找不到妈妈……我看见爸爸在流眼泪……我的妈妈死了，是真的吗？因为生妹妹，我的妈妈死了……"说到这里，慧欣如孩童般伤心地哭起来，身体颤抖，眼泪如注，"我要去找妈妈……我要妈妈……"

　　我担心这样剧烈的哭泣会让慧欣从催眠中哭醒，于是给出暗示干预："往你的身边看过去，爸爸蹲了下来，紧紧地拥抱你。爸爸对你说：'亲爱的儿子，虽然妈妈不在了，但爸爸会一直陪伴你、保护你。妈妈的灵魂在天上会祝福和爱着我们，她希望看到我们幸福快乐、勇敢地活下去。人生总会有遗憾和失去，幸好我们父子三人还在一起，我们要好好的生活，互相照顾，天上的妈妈才会安宁和放心。'……"慧欣在哭泣中轻轻地点头，过了好一阵，才在"父亲的安慰中"，慢慢止住哭泣。

　　"……我长大以后，就离开了那个庄园……我看到自己大约三十多岁的样子，和妻子一起在泰晤士河边散步。妻子的名字也叫EVE。她穿着蓝色的长裙，温柔而安静，怀里抱着我们十个月大的儿子……等一下，她好像……是我这一世的母亲？……"

　　"我和妻子在泰晤士河边的商业区经营一家小杂货店。妻子很贤惠温柔，她的性情就像我去世的妈妈一样，我们一起生育了三个孩子。这些年来，我对妻子谈不上关怀和体贴，而她却一直默默理解和陪伴着我。我的心好像一直沉浸在失去妈妈的痛苦之中，没有办法走出来。我怨恨我的妹妹，虽然知道这不是她的错，但正是因为她的出生，害我失去了妈妈……我知道妈妈的心愿是让我好好照顾妹妹，可是我做不到……我真的没有办法原谅她……"

"……我好像到了老年，其实也不算老，五十多岁吧。我专注地看着墙上的一张黑白照片。照片里是妹妹和她的丈夫，穿着婚纱……那是她的婚礼吧，我没有去参加。她的丈夫是个富有的人，可我不喜欢他，他就是个浪荡公子，妹妹嫁给她是不会幸福的……可我又能怎么样呢？这一世，我一直在逃避妹妹，一直在逃避对妻子的爱和关心，一直在逃避对父亲应尽的责任，一直在逃避对子女的陪伴和关怀。我的心好像早就随妈妈死去了。我知道她希望我过快乐幸福的日子，可我的一生都活在了失去她的阴影里……现在，我要死了，我感到自己轻飘飘地浮出身体……可我并不难过。死去就可以见到妈妈了，终于又可以见到她了……"慧欣的眼角再次泛起泪光，面容却渐渐地安详下来。她在安静地休息中，体会着刚才的一世带来的种种信息和情感。

我轻轻地发问："对于刚刚那一世，你有什么想说的话，或者未了的心愿吗？"

慧欣闭着的双眼睫毛微微颤动，在脑中努力搜索答案："我想对妹妹说声对不起，那一世我没有好好照顾她。她也没有妈妈，比我更可怜，我不该怨恨她。如果还有机会，我一定好好照顾她、保护她，把那一世亏欠她的全都弥补上……还有我的妻子，我在那一世对她一直冷落，她是那么好的一个人，给我理解和支持，所以她今世对我的冷漠我不怨她。是我亏欠她的太多，今世我该好好弥补她。"

"了解到这些以后，你对今生的生活有些什么样的感悟？"我继续问道。

"是爱……今世我要学习的是去爱身边的人……那一世的妹妹是我今世的丈夫，那一世的妻子是我今世的母亲。那一世我亏欠他们太多，今世我要把以前错过的都补回来。我会好好地爱他们，关心他们，感激他们曾经为我做过的一切……"慧欣的睫毛再次渗出微微的泪意。

慧欣仍然在深深的催眠状态中，此刻她的感受脱离身体，成为灵魂状态飘浮在空中休息。至此，时间大约过了一个半小时。我决定用剩下的半个小时引导慧欣再去看另外的一段"前世"，寻找更多对她有帮助的信息。

第三世　佛塔前的守护

进入第三个前世的时候，慧欣的语气有了微妙的改变。这一世，她是一位五十多岁的出家女尼。年少时遭父母抛弃，被寺院收留，每天在寺院抄写经文和清扫佛塔，直到有天，她在佛塔旁的草丛中发现一个婴儿。

"……是一个好小好小的女婴，应该出生没几天。裹在单薄的襁褓中，身体冻得冰冷……"慧欣又一次落下伤心的眼泪，"……好狠心的父母，这么小的孩子就抛弃在草丛里，任她自生自灭……就像我的父母抛弃我一样，他们怎么能这么狠心……既然我们同病相怜，让我来做她的妈妈。我会好好把她抚养长大，让她平安健康，快乐地做人。"

"请你仔细看看这个女婴，她是不是你这一世当中认识的人？"经过刚才那一世"妹妹和丈夫""妻子和母亲"的转换，我尝试引导她去辨认，这个婴儿是否与她这一世任何一段重要的人际关系有关。

慧欣眼皮颤动，似乎在努力辨认，片刻迟疑地说："那个女婴……她……好像是你……"

我微微吃惊，但很快镇定下来。上一次也有来访者在"前世"景象中看见我，我是她前世私塾的同学。我相信人与人之间微妙的连接，我相信世间的吸引力法则，我相信很多人、很多事情，遇见和发生都绝非偶然。尽管我们无法解释。

我引导慧欣继续这一世的回溯。

"女婴一天天长大。我给她取的名字叫作妙惠。我给她养了一只小猫，她可喜欢了，每天抱着小猫在寺院里晒太阳……她再长大一些，我又教她读书写字。没有旁人的时候，她有时会叫我妈妈……这孩子是多渴望妈妈啊……"

"妙惠很乖很听话，每天认真地抄经，认真地扫塔……我的年纪一天天越来越大了，八十多岁了，全靠这孩子照顾我……但是啊，我还是寿数到了……我就要去了……妙惠就守在我身边，她叫我妈妈，她舍不得我走，我也放心不下她啊。我要她好好照顾自己，我走了以后，还是每天好好的抄经和扫塔，好好的过日子……现在我已经死了吧……我又飘出了身体，飘浮在空中，看见她在底下，抱着我的身体……"慧欣说话的声音越来越低沉缓慢，她在从那一世的回忆和情感中缓缓地淡出。

"刚刚过去的一世，对你的今生有着什么样的启示呢？"我轻轻地引导她思考刚刚那一世带来的信息。

"……还是爱……只有付出爱，才能收获爱。即使被父母抛弃也不可怕，只要心中有爱，并且全心地去付出，就能收获亲情和幸福。"慧欣似乎对于来自前世信息的理解越来越娴熟，这一次的表述也更加流畅。

一共两小时十分钟，结束第二次的催眠。醒来的时候，慧欣感觉如释重负。流了很久的眼泪，也是累了。意外的是，原先疼痛的左腹肋下的部位好像忽然轻松了很多，之前那种气血淤积的感觉，似乎都随眼泪被排出体外，这让慧欣很是欣喜。虽然我并不能确切地解释这其中的联系，但经验告诉我，这的确是催眠所带来的身体上的后效。

第四世　乱世孤魂

两天后，再见到慧欣，看起来精神很好。她说，上次催眠结束后，一个人跑回办公室，纵情地哭了很久。感觉内心多年的压抑，终于能有一个出口释放出来，哭到淋漓尽致。回到家，看见丈夫，有一种久别重逢的温暖和感动。虽然没有见到母亲，但想起母亲，内心也觉得温暖而亲近。

"好像整个生命状态都发生了改变。了解到那些'前世'的人、事和关系，今生的种种困惑都得到了解释，以前放不下的心结，也都释然了。"慧欣说。这种生命状态的改变，这种对整个人生和世界的全然不同的领悟，是以前任何心理治疗都未曾给到过她的，让她欣喜不已。

了解到慧欣的收获，我由衷地为她高兴。接下来，我们又进行第三次的催眠治疗，时间还是两个小时，回溯了她生命中的另外两个世代。

"我一个是女孩，14岁，是修女收养的孩子。我们住在教堂里，还有十几个像我一样的孩子，男女都有。我们都是孤儿。外面在打仗，我们的家没了，家人都死了。这里是中国。修女是丹麦人。她收留我们，但对我们并不关心，非常冷漠。孩子太多了，她关心不过来。我觉得孤独。"

"我身旁有一个男孩子，和我差不多年纪，他叫鲁蒙特（或者类似的一个发音），我们一起说修女的坏话，说她像一个巫婆。我们一起去池塘里游泳。一起在野外跑步，跑得很快，我的心脏跳得很快，好像要爆裂了一般……"

"……我21岁了。在一个酒馆里。化着浓妆，抽着烟，无聊地坐着。我长得很漂亮，留着黑色的卷发。但我讨厌这样的生活，孤独、愤怒、无聊、不快乐。我没有亲人，也没有朋友，什么都没有。外面在打仗，我不知道自己可以去哪里。"

"……我病了，33岁，在医院里，躺在肮脏的病床上。是肺部感染，不断地咳嗽。我快死了……我觉得孤单和愤怒。我的手臂上有很多疤痕，我因为讨厌自己而伤害自己……我在慢慢地死去……真好，终于可以离开这一世了……"慧欣的声音听起来很累，终于不再说话，在中间状态中安静地休息。

我轻轻地问她："对于刚才这一世，你有什么感悟？"

"……是我没有好好爱自己，是我放弃了自己，所以整个世界才抛弃了我……"

"那对于你的今生，又有怎样的启示？"我继续问。

"……爱自己……不去强求……不要重蹈覆辙……"慧欣仍然在深深的催眠状态中，话语简单而语速缓慢。

时间至此是一小时五分钟。待她稍事休息，我们便接着探索下一个世代。

第五世和第六世　回忆的碎片

慧欣仍然在深深的催眠状态之中。接下来看见的前世信息显然是一些碎片。

"我看见一艘大船，是一艘豪华游轮，人们在甲板上聚会，歌舞升平……但是我看不到我自己，也没有我认识的人……我好像飘浮在空中，没办法落下来……"

听起来，她似乎是在灵魂状态下看到的这一切。在进一步尝试后，我决定放弃这个画面，带她直接跳转到下一世。

"我是一个年轻的女孩，24岁，黑色长长的卷发，小麦色的皮肤，我叫艾米莉。我和一个年轻的男人在一起，在一艘小船上，小船漂在夜晚的湖面上，月光明亮，周围非常美……但我却感觉心绪烦闷……不知道为什么……甚至很愤怒，愤怒得恨不得把这艘船打翻了……"慧欣的情绪看起非常不好。

"请你去寻找这种愤怒感的原因，回到这种愤怒感开始的时刻……"我记起来这种无端的愤怒感也是困扰慧欣今世的主要问题之一。在这段前世中，它既然浮现出来，说明慧欣的潜意识正在尝试处理它。我们可以通过回溯找到根源，再想办法解决。

慧欣的睫毛不断眨动，在脑海中搜寻有关的画面。过了一会，她缓缓地说："……找到了……"

第七世　困兽之斗

接下来慧欣找到的答案，很明显跳脱了艾米莉那一世，去到了另外一世中。

"我是一个男孩，17岁，皮肤黝黑，我叫杰克。我在一个杂乱的酒馆里，周遭非常吵，我在拥挤的人群中和一个男人打架……我把他打倒在地，继续用拳头狠狠地揍他，感觉到非常亢奋。那人被我打得浑身是血，爬不起来了……"

"从外面冲进来几个警察打扮的人，抓住我，绑起来，把我拖走。我一直在挣扎和叫骂……我看见外面有两个我认识的人，长得非常丑，他们是一对夫妇，杂货店的店主。他们是我的领养人。我的父母早就死了，那时候我十岁。这对夫妇收养了我，可他们对我并不好，经常打骂我。后来我渐渐变成了一个街头小混混，到处喝酒打架。警察带走了我，正好我也不想见他们……"

"我被关进肮脏的牢房里……听他们说，我杀了人……我抓着牢笼外粗重的铁条每天不断地咆哮……"

"21岁的一天，监狱放我们出来洗澡。在一个大水坑里，所有的人都在里面泡着。在水中，我突然感到无比的愤怒和绝望，看到身边不远处有一块很大的岩石，我用尽全力把头撞向岩石……我死了，我从那具身体里浮出来，看到下面躺在血泊中的自己……结束了，都结束了……真好……"这一世的回溯，似乎用了很大的力气，慧欣的声音中透着疲倦和解脱。

我让她静静地休息了片刻，接着引导她："通过这一世，你领悟到了什么？"

"……是原谅……用愤怒和敌意去对抗这个世界，是没有用的。我们能改变事情的太少，只能原谅……去和世界和解，不强求……愤怒和绝望，只会让自己更痛苦……我需要学习去原谅……"慧欣说完，长长地吐出一口气，如释重负。

时间正好是两个小时。我将她从催眠中唤醒。今天的主题很沉重，我一直注意力高度集中，小心应对，此刻也很疲惫了。慧欣缓缓睁开眼睛，试着活动身体，将手按在平时常常疼痛的左腹肋下的部位。她说刚才在回溯的过程中，这个地方一度很痛，但现在完全感觉不到了，好像那块淤积的痛完全散开，随着刚才长长地吐出一口气，所有疼痛都释放了出来。很舒服，很解脱。

慧欣说，终于知道自己今生无缘由的悲伤和愤怒从何而来，也明白了，与这个世界相处的方式是去原谅与和解。前几个世代里对母爱的渴望和缺失，也让她感到今世拥有母爱是何等的幸运，对母亲的珍惜和亲近感更加强烈。

虽然，这是一次非常累的催眠治疗。所幸，一切都值得！

第八世　一只狗狗的心愿

五天以后，再次见到慧欣。她说这些天过得很平静，很安宁。好像一个人历经过生死爱恨之后，那种超脱和淡然的心境。没有什么值得去介怀，也没有什么不能释然。觉得一切从没有这么真实过，真实地活在当下，珍惜所拥有的全部。

第四次催眠，是我们第一疗程的结束。看慧欣的状态，我觉得第二疗程暂时不需要了。她的状态非常好，进步超乎我的预期。

这次的时间仍然是两个小时，回溯了她生命中的另外两个世代。

"……很奇怪，我的视线好像特别低……只看得见人们的脚，还有桌子腿儿……我可能是一个小孩儿……不对……我好像……是一只小狗……"慧欣的这个描述让我有些意外。她是第一个在我这里看见自己前世是非人类的来访者。

"我是一只小狗，长得像暇步士品牌商标上的那种狗。我的主人是一个酒馆的老板。他长得很高大，穿着大皮靴，手臂上有浓重的毛发。他是一个德国人。等一下，主人……主人好像是我今生早年相恋的男友……"

"我每天都在酒馆里窜来窜去，经常有肉和骨头可以吃。主人很喜欢我。常常和我玩球。他把球扔得老远，我快乐地跑过去捡回来，他再扔……我们一直生活在那个酒馆，我和主人一家，还有主人的孩子每天在一起……过了很多很多年，直到我老了，走不动了……我死之前，主人和他的孩子守在我身边，不断抚摸着我的头……我很难过，我不想离开他们，我爱他们……我在心里对主人说，如果有来世，我想做你的情人……"慧欣的睫毛下面有微微的泪意，我猜，这是幸福的眼泪。

"我死了……却好像来到了一个下水道，身体对着墙上的水管使劲往里面挤，挤不动，还是拼命往里挤。突然眼前一亮，水管的那一端，原来是一个黑人女人生了孩子，我转世成了一个小婴儿。女孩，黑色的头发，卷卷的，长满了整个脑袋。女人的丈夫开心地把我举起来，夫妻俩高兴地说，我们有孩子了，我们的宝宝出生了……"场景是温暖和幸福的，但慧欣告诉我，她决定不继续看完这一世，而专注于对刚才狗狗那一世信息的解读。对于她的决定，我欣然配合。

"对狗狗的这一世，你有怎样的感悟？"我接着引导她。

"我觉得很幸福、被爱、温暖的感觉……"慧欣的声音温柔而舒缓。

"对于你的今生又有怎样的启示呢？"我问道。

"……全心全意地付出，去爱家人，去陪伴他们，珍惜和他们在一起的每一天。我们的生命很短，要用每一天，好好地守护我们的家人。"

慧欣的感悟让我也心生动容。是啊，人一生的时间何其有限，是该好好珍惜与家人在一起的时光。

第九世　恶魔的一生

慧欣在安静中等待着。我集中精神，将她带入今天的最后一世回忆中。

"我看见自己在战场上。我是一个俄国士兵，19 岁，高大强壮，骁勇善战……我性格残暴，好勇斗狠，以杀人为乐……我和另一个士兵在比赛枪法，用活人做靶子，我们一枪就打死一个人，我觉得很亢奋，很有乐趣，那些人全都是战俘……那个士兵，我认识他，他是我今生的一位朋友……"

"我 23 岁了，已经是一个老兵……经历过很多战争，杀死过很多人，但是战争结束了，我必须退伍回家了，我不甘心……"

"……我 69 岁了，我要死了……不知得了什么病，很痛苦……我感觉我的床前围满了冤魂，他们都想杀死我，他们逼我忏悔……可是我不想忏悔，我不想死……我的屋子里光线很暗……我大声呼喊佣人的名字，可是她并不理会，她就站在门口冷冷地看着我，说我罪有应得……我认识她，她是我今生的一位同事……我很害怕，我不想死……我感觉自己慢慢脱离了身体，飘浮到了空中……我已经死了……我看见底下那具身体，他的样子很丑陋……"慧欣离开那一世，从情境中慢慢脱离出来。

"对于刚才的那一世，你有什么话想要说吗？"我轻轻问她。

"没有……杀人如麻，能这样死去已经很好……"

"那一世，对你的今生有什么启示呢？"我接着问。

"那一世我罪孽深重，所以，今生我应该尽力帮助更多的人，去弥补那一世犯下的错……行动和爱心，才是最好的忏悔……"慧欣的语气缓慢而坚定。

慢慢从催眠状态中清醒过来，慧欣沉浸在对刚在那一世的思考之中。片刻，慧欣说，也许，这就是她今生最终选择了 NGO 工作的原因吧。她工作的主要职责是去帮助那些癌症晚期的病人，为他们争取经济上和医疗上的支持，延续生命。自己这种对生命的责任感和使命感，终于在此找到了渊源。

而经过之前狗狗那一世的回顾，慧欣也了解到今生与先前男友的关系在累世中的源头。"这一世也许是报答他的恩情，所以才会在一起。"慧欣说，"恩情报完了，也就两不相欠了，也就放下了。再没有什么牵挂。"

至此，慧欣的"回溯"疗程也告一段落了。我很欣慰她从 9 次"催眠回溯"中，找到了自己想要的答案，帮助自己获得了丰富的人生领悟。慧欣认为，这些故事的信息值得她在相当长的一段时间内反复回味，或许其中还有自己未能完全领悟的智慧。我很赞成这个想法，也希望当她了有新的感悟，可以分享给我，让我也得到她生命智慧的滋养。

当然了，我们永远没有任何证据来证明，慧欣看到的，到底是"前世"？还是自己的想象？还是梦境？不过，这些于我们而言都不重要，重要的是，慧欣的生命状态由此不同，她对生活和工作的领悟，与身边人的关系以及对待自己的态度都发生了翻天覆地的改变。作为一个心理咨询师和催眠治疗师，这便是我所盼望的结局。

案例故事9　三生三世遇见你

[题记]

人这一生，似活在一场叫做"现实"的梦中。自以为看到的听到的便是真相，殊不知，这世间本没有真相。

所谓迷与悟，其实从无天壤之别，勿论机缘深浅，只看你愿不愿松开你紧握的指尖。

与白玲的初次约见是2014年的冬天。一个小时的谈话，白玲泪流满面，讲述了从小到大她和母亲之间爱和伤害的种种。先生陪她一起过来，就坐在对面听着，眼中充满疼惜，好几次欲言又止。于是我停下问他，是否有什么想说？他长叹一口气："其实我知道妈心里是为我们好，爱我们，可为什么她的爱快把我们都逼疯了……"

案主：白玲，女，31岁，已婚，有一子。因孩子年幼需要照料，现与父母生活在一起。从小，母亲对白玲要求严格，她的日常行为、衣着打扮、外出活动、人际交友等统统都在母亲的管控之下，稍有不从，母亲便会大发脾气、用尖刻的话语指责她。并且随着年龄增长，母亲的控制欲越发膨胀，对父亲，对女婿，甚至对白玲的孩子，全家人所有的事都得听母亲的，不然她就会歇斯底里地爆发，摔东西，咆哮……虽然白玲知道，母亲的心意都是爱自己和家人，但这种争执与压抑的氛围让白玲和先生实在痛苦难当。

那一次的面谈，我们用的是心理咨询中的叙事疗法。末尾，白玲的情绪舒缓下来，继而向我询问下一次是否可以尝试催眠的"前世回溯疗法"。她看过布莱恩·魏斯博士的催眠疗愈书籍《前世今生》，因此兴趣浓厚。我犹豫了一下，感觉她的问题存在于现实生活中与母亲的关系处理层面，如此，较为适宜的方法是常规的心理咨询，每周一次，大概三个月，应该能见到不错的收效。白玲说，会仔细考虑我的建议。

2015 年 5 月，另一位来访者经历让我突然想起白玲，想起自己半年前对她说的话。我问自己："你凭什么断定前世疗愈对于她意义不大？你又凭什么知道她不需要前世疗愈？"那一刻，我忽然对自己的"专业"感到一丝懊恼——多年的职业训练，一度让我踌躇满志，却也在不经意间束缚着我的思路，让我不愿走出熟悉的水域，去探索更广阔的可能。当天，我给白玲发去信息，我说：找个时间，我们试试"前世回溯疗法"吧。

6 月初，再次见到白玲。我对她说："白玲，诚实地说，催眠疗法里的'前世回溯'是一项心理治疗技术的名字，强调的是治疗效果，而并不去论证'前世'这件事情的真实性。从心理学角度，我们认为所谓的'前世景象'其实是我们潜意识的'投射'，就好像'日有所思，夜有所梦'。在催眠状态下，潜意识幻想出一个充满情节的故事，以满足我们深层的心理需求，这个故事呈现的方式，就是所谓的'前世记忆'。当心理需求得到满足，心理问题也就得以缓解，于是'前世回溯疗愈法'的疗效就出现了。"

白玲点点头："我理解，唐老师。可我依然想尝试一下。我跟妈妈的关系在现实层面卡住得太深了，不知道在潜意识层面能不能有办法缓解。我相信布莱恩·魏斯博士的'前世回溯治疗方法'一定有他的道理和意义，就请您帮我试试吧。"

对白玲的敏感度做出大概评估后，我们商定了本次疗程的安排：预计经过三次催眠，回溯 3-4 个世代。

第一世　前尘遗爱

第一次催眠，白玲的先生又陪伴她一起出现。这在我的来访者中并不多见，有母亲陪孩子来的情形不少，但先生陪太太来了一次又一次的着实不多。当然，这也许和白玲心中的不安全感有关，但能有一个愿在百忙中抽出时间陪伴她的先生，我真心为她感到欣幸。先生坐下后马上打开电脑查邮件、回短信、回电话，工作很忙的样子。白玲有些不好意思，要求先生去楼下的咖啡厅等她，先生连连抱歉，礼貌地离开。我微笑看着他们，很相爱的一对儿……

催眠开始前，白玲问我："我一定可以看到和我母亲有关的那一世，对吗？"

我说："或许吧。你的潜意识会带你去寻找那些你想了解的答案，它们或许是关于你和母亲的，又或许是关于其他你想了解的信息。它们对于你的意义，是只有你自己才能解读的。"

白玲点点头，然后闭上眼睛说："我们开始吧。"

"我看到一座木质的房子，我在房间里面，有一个清洁工打扮的人背对着我在打扫房间。"催眠状态下，这是白玲看到的第一个世代。

"非常好。请你去问一问这个清洁工，这里是哪里？什么年代？你叫什么名字，多少岁？"我轻轻地引导她。

"这里是我家……挪威……1914 年……我叫 Lily（大概是这个发音），20 岁……"

"请你去看一看，家里还有别的人吗？比如，你的父母，或者你的亲人？"我继续问。

"……看不到……"白玲眉心微蹙，缓缓地摇头，"……我一个人，在花园里荡秋千，一架白色的秋千……看不见其他人……"

"我结婚了……婚礼上有好多人，大家都穿得很正式很漂亮……有一个中年女人一直看着我……我认不出她是谁，但觉得好熟悉……"

"你看到你的新郎了吗，他长得什么样子？"我问。

"嗯，看到了……他是一个军官，白种人，三四十岁的样子……我们很相爱……他好像是……好像是我这一世的先生……"

"没过多久他就走了，随着军队参战去了……我看见空空的房子，只有我一个人……我看见一个游乐场，我就站在边上看着，我在想念我的先生……"白玲好像沉浸在那种淡淡的忧伤中，不再说话。

"请你在那一世的时光中去寻找，下一个对于你有着重要意义的瞬间，当你找到了，就可以轻轻地告诉我。"我引导她继续往下回溯。

"……我60岁了，头发都白了，是短的卷发……躺之前那个木屋的房间里，我快要死了……那个清洁工在我旁边，她也老了，看上去比我更老……"

"请你去问一问她，你的亲人们都在哪里？"我接着引导。

"她说……我丈夫战死了，母亲车祸去世的，父亲失踪，还有一个儿子一个女儿，他们都没有和我住在一起……"

"对那一世，你是否还有什么话想说？或者还有什么未了心愿？"我问她。

白玲想了一会，轻轻地摇头。

因为是初次催眠，白玲似乎感受到的比较有限。我决定先将她唤醒，再去讨论那一世对于她的意义。

醒来后，白铃说，对于这次回溯，她的感受不是很生动。画面的饱满程度，情节的丰富程度，以及情绪的感受都比较模糊，她几乎有些失望。我解释说，大多数初次接触催眠的人在第一次回溯的时候会是这样的，但个人的敏感度会随催眠的次数而逐渐提升，对回溯内容的感受也会一次比一次真切。

我问她，在刚才这一世有限的信息中，有没有触动她的部分？有没有带给她什么样的启示或者思考？

白玲沉思了片刻，说："大概是关于我和我先生的关系吧。在那一世，我们是夫妻，但刚结婚就分开了，一辈子没能再见面。今生又遇见、又在一起，实在不容易，我会好好珍惜，把我们那一世缺席的幸福补回来……"

第二世 梦碎家园

两天后，白玲几经犹豫，再度走进了我的咨询室。前天的催眠让她有些失望，没有看到与妈妈的关系，也没有期待中身临其境的感受。但她决定再试一次。这次她是自己来的，没有先生的陪伴。我感到欣慰，至少这意味着在我这儿她感觉是安全的。

所幸，这一次的催眠她终于得偿所愿。

"我看到一支点燃的蜡烛，有一个女人在旁边织着毛衣……好像是小女孩的毛衣，白色的……"白玲进入深深的催眠状态，开始稳定的回溯。

"请你仔细去看一看那女人，她是谁，多大年纪？你又是谁？你们在哪里？"我轻轻地引导她。

"她是我妈妈，她叫 Mary（大概是这个发音），45 岁……好像也是我今生的妈妈。我叫 Tom（大概发音），10 岁，棕色短发，穿着又脏又破的鞋子，深蓝色的裤子……我们在瑞典……"

"请你去问问妈妈，家里是否还有别的亲人？你的爸爸去哪了？"我问。

"爸爸……工作去了，去码头拉货……他和我们不住在一起，他带走了妹妹，只留下我和妈妈，我很想他……我记得他走的那一天……妈妈没有在家，他抱着妹妹要离开，我怎样挽留都没有用……他说要我好好照顾妈妈……他们就走了，我很伤心……我好想他们，想念爸爸和妹妹微笑的样子……"大颗大颗的泪水从白玲眼中涌了出来，她的情绪越发激动，胸口剧烈地起伏。

在催眠中，这是一个需要高度警惕环节。如果受术者哭醒，这种悲伤情绪会强烈地驻留在她心中，虽然通过再次催眠可以解除，但极有可能受术者因强烈的情绪在当天无法再度接受催眠，而不得不带着悲伤离开，这对来访者的生活会造成不必要的困扰。所以，我一定不会允许这样的事发生在我的来访者身上。

"请你把注意力完完全全地集中在我的声音上。等一下我会从5数到1，当我数到1的时候，我要你来到那一世中，你和亲人们在一起最幸福最愉悦的瞬间。去寻找那一刻……5——4——3——2——1……你找到了吗？"我微微提高音量，加强每一个音节的力度，将白玲的注意力从悲伤中，拉回到我的引导内。我要给她一个积极正向的情境，以调整刚刚那濒临失控的情绪。

"……找到了……"白玲的抽泣逐渐缓解，"我看见自己小时候，大概4岁的样子，和爸爸妈妈一起在花园里玩……爸爸比妈妈要年轻许多……爸爸把我高高地举起，妈妈笑得很开心……我觉得好幸福……"白玲泪水未干的脸庞露出浅浅的微笑，好像沉浸在那一刻的幸福景象中。

看着她的表情，我决定给她多一些的时间，停留在她所留恋的温暖里面。

许久，我轻轻地开口："……去感觉，在那一世，时间好像沙漏中的沙子，不断地流逝……请你去寻找下一个对你而言有着重要意义的瞬间……"

"……我 20 岁了，还是和妈妈住在原来的屋子里。妈妈病了，她躺在楼上的房间里，心情很不好，不断地咳嗽……我看见妹妹回来了，她好像……就是我今生的儿子……她从门外走进来，见到她我好开心……我们俩都流泪了……我问她这些年住在哪，和爸爸过得好不好？她哭了，说爸爸去世了……我带她上楼去见妈妈，妈妈见到妹妹一定会高兴的，这些年她一直很想妹妹，虽然她不说，但我都知道……"

"妈妈见到妹妹了……她愣了一下，之后给了妹妹狠狠的一耳光……她坐在床上歇斯底里咆哮和大哭……我心里难受极了，只能紧紧地抱着妹妹……"白玲的脸上有着痛苦的神色，眼泪不断掉下来。

我引导她继续回溯，去到那一世下一个意义重要的瞬间。

"……我已经 50 岁了……住在自己的家里。身边有我的妻子吉妮（大概发音），她 45 岁……她是我今生的妻子……我的母亲已经去世多年……妹妹不知去哪了……"白玲的声音缓慢下来，有了岁月的平静和沧桑。

我引导她继续，去到那一世生命的尽头。

"……我躺在床上，床的周围挂着白色的帐子……我65岁了……我的妻子已经去世……儿子和孙子们守在我身边……我的儿子好像是我今生的大学同学……"

"在那一世，在你生命的尽头，你有什么话想说，或者什么心愿想要完成，又或者有什么感受想要表达吗？"我问她。

"……我怀念家人们都在我身边的感觉……爸爸、妈妈、妹妹、妻子……我想念他们，想要和他们团团圆圆地生活在一起……等我去了，就可以和他们在一起了……"

看白玲安静下来不再说话，我轻轻地引导她，结束了那一世："刚才过去的一世，对你今生有没有怎样的启示？"我继续问。

"在那一世，我没有完整的家庭，一辈子都在和家人分离，一辈子都在想念他们。今生，虽然妈妈和爸爸的感情不和，多年来一直争吵，我也曾希望他们干脆分开算了。但现在，我很庆幸、很感激他们没有分开，我们全家人团团圆圆的生活在一起多好，我们可以努力去包容彼此，努力过得和睦，只要全家人在一起就好，怎么样都好……" 白玲的语气中有着前所未有的坚定，我甚至感觉她似乎等不及想马上回到家中，见到家人。

在我的引导下，白玲慢慢从催眠状态中清醒过来。她看起来有些疲惫，神情却安宁平静。我让她先喝些水，休息片刻，再继续谈话。

我问她，对那一世的种种，还有没有更多的领悟或感触？

白玲说，在最开始看见妈妈的时候，她的眼神瞪着自己，心里感觉好冷，虽然很想走到妈妈身边去，却不敢靠近半步。就像这一世和妈妈的关系，那种说不出的距离和冰冷的感觉，让她觉得很难受。但当看见妈妈手里织着的毛衣，是一个小女孩的毛线外套，她突然觉得很凄凉。一个妈妈，要跟那么小的孩子分开，心里该有多难受，虽然知道自己织的毛衣孩子穿不到，却一直在织，以此安慰自己。那一世的妹妹是白玲今生的儿子。白玲说，她似乎突然懂了，为什么今生妈妈会那样控制她，那样溺爱和控制她的儿子，也许是太害怕再次失去他们，所以才会那样牢牢抓住，不肯放手。

白玲离开的时候，还沉浸在对刚才故事的回味中。我知道，在白玲和母亲之间好像隔着多年沉积的冰层，顽固而坚硬。然而那一刻，我仿佛听见了寂静中冰雪初融的声音。

第三世　乱世悲歌

经过前两次催眠和几日的休息，白玲的敏感度有了显著提高。于是，我决定在第三次的催眠中尝试引导她回溯两个世代。

一切非常顺利，白玲很快进入深沉的催眠状态中，开始回溯。

"我看见森林……很多树、灌木、小溪……我是一个男孩，15岁，在漫无目的地跑……我叫李雷，刚从家里逃出来……我妈刚揍了我一顿……"

"你是否知道你妈妈是谁？为什么揍你？爸爸呢？你是否知道你在哪里，什么年代？"我问她。

"我妈是个清洁工，给人家做佣人的。她管我很严，经常打我……她好像……就是我今生的妈妈……我爸是个工人，他从不管我……我不知道这里是什么地方……时间是1853年……"

白玲的状态看起来比前两次都要好。我尝试给她更大的自由，让她自主去探寻那一世中她想了解的信息："请你去想象在你的手中就握着一只表，指针飞速地旋转，经由它，你可以控制时间。请你去寻找那一世对你而言有着重要意义的瞬间……当你找到它，就可以让时间停止下来……"

"……我的年纪比刚才更小一些，在操场上和小伙伴们踢球……我们一起跑，一起笑……很开心很过瘾……那两个小伙伴，一个是我今生的初中同学，一个是高中同学……我们正玩着，来了几个大点的孩子，欺负我们，我们就和他们打了起来……"

"……我年纪更大了一些……大概是得了什么奖，兴冲冲地跑回到家……却看见我妈和我爸倒在地上扭打在一起，好像是为了我的工作、前途什么的……我推开我爸，抱着我妈。我爸气愤地摔门而去……我妈坐在地上喘着粗气。我让她以后别管我的事。她气得对着我大声叫嚷……我觉得心里麻木透了，一点感觉也没有，也没有愧疚，似乎与我无关……"

"我25岁了……没有工作，整天和一群朋友在街上闲逛……我遇到了喜欢的女孩，她叫马莉……她好像是……我今生的先生。我很喜欢她，带她回家见我父母，可是我妈却二话不说把她赶出门外……我妈说人家女孩家境好，我们家配不上，不准我们在一起……我想出门去追那女孩，可实在没脸去追……我瘫坐在门口，很心痛很无力……"

"……我看见……马莉结婚了，嫁了小时候和我踢球的那个男孩。我对他们冷笑，瞧不起他们……日子过得更加颓废……"

"……40岁……突然有了钱，好像是领了政府救济金之类的……我搬出家里，住在外面……还是没有工作，没有结婚，什么都没有，整天游手好闲……"

"65岁……我快要死了……在爸妈原来住的房子里……一个人……很孤独……我好像高高地飘起来……我看见下面那具身体穿着乞丐一样脏的衣服，蜷缩在地上，秃顶，胡子又长又乱，看起来好老好老……真好，那一世终于结束了……"白玲长长吐出一口气，好像卸下了沉重的负担，在安静中休息。

片刻，我轻轻问她："刚刚过去的那一世，是否对你的今生有着任何的启示？"

"那一世我一辈子没有结婚，没有工作，整天和朋友胡闹，日子过得乱七八糟。和家人的关系也很糟，冷漠、没有感情，心里硬、对家人态度硬……其实我知道我妈也不容易，她也希望我好，可是以她的社会地位和家庭环境，还能怎样呢，她也尽力了……就像她今生对我的控制，虽然心是好的，却总用不对方式。最近一段时间她好些了，爆发的时候也少了，我想她也在慢慢尝试改变吧……"

"那一世的我一事无成……也许正是这个原因，今生我对自已想做的事情特别坚持，不管多困难，我都会去努力，也不愿父母帮忙。我想，是因为那份自信和自我肯定的感觉对我来说太重要了……"

看起来，刚才那一世为白玲带来了更广阔的思考。不仅是与母亲的关系，对于自己的认识，白玲也有了更深入的看法。

第四世 清宫如梦

时间至此是一小时十五分钟。我们有足够的时间再探索下一个世代。我于是引导她，经由时空的转换，去到另外一个有着她今生答案的"前世"。

"……好像……这里是皇宫，清朝的皇宫……这是我第一次进宫……我穿的鞋子是花盆底……我是一个丫鬟，叫翠儿，18岁……"

"你是否知道自己为什么要进宫？你的家人呢，他们在哪儿？"我问她。

"……是一个贝勒让我进宫的……我的父母都在家种地务农，还有一个妹妹在家帮他们……他们生活得很苦……我是他们捡来的孩子，妹妹才是亲生的……贝勒爷帮助了我们家……他让我进宫去伺候一个妃子，还有她的孩子……"

"你是否知道妃子叫什么名字？你认识她吗？还有她的孩子。"我继续问。

"……她叫李芝……她好像……是我今生的妈妈……她生了一个小格格，刚 5 个月……是我今生的儿子……她们母女在宫中并不得宠，日子过得冷清……不过妃子对我还好，态度平淡温和……"

我引导她在那一世的时光中继续向前。

"……小格格 4 岁了……我在院子里带她放风筝，她很开心……她的母亲去世了……"

"小格格长大了……她要出嫁了……她嫁给了那个贝勒爷……虽然我只是很多年前见过他一面，心里却暗暗喜欢着他……他好像是……我今生的一位高中同学……"

"我 35 岁了……终于可以出宫回家……见到父母和妹妹，全家人又团聚，都很开心……虽然我不是亲生的，但父母对我一直都像亲生的一样……我的妹妹……她是我今生的一个表妹……"

"我看见妹妹出嫁了……她嫁给当地一个县官的儿子做妾……在我们这样的家庭而言，已经算嫁得很好了。我为她高兴……"

我引导她继续，去到那一世生命的尽头。

"……我60岁了……父母亲都已经去世多年……我一直住在他们的茅草屋里，一辈子没有结婚……死的时候，身边一个人也没有……我却觉得……很平静……很安心……"白玲的声音安详而轻缓，好像历经世事一般风轻云淡。

"对于刚刚过去的那一世，你是否有什么话想说？又或者对你的今生有着怎样的启示？"我问她。

她在安静中沉思。片刻，缓缓地说："那一世，养父母对我很好，让我感受到亲情的温暖，虽然我不知道亲生父母是谁，但能和他们生活在一起我也没有遗憾了。只是那一世我过得太辛苦，一直在照顾别人——父母、妹妹、妃子、格格，从来没有照顾过自己；心里默默喜欢只有一面之缘的贝勒，却一世都没能嫁人，没有爱情……那一世我没有能力去把握自己的命运，今生我有了自由，更会珍惜和把握身边所拥有的一切，照顾自己，珍惜家人……"

"在那一世中，我伺候的妃子早逝，抛下她年幼的孩子，我能理解作为一个母亲那种不舍的心情。现在想来，我妈之所以对我和我儿子过度控制、过度保护，也是因为几个世代中她都和孩子聚少离多，如今终于有机会天天看着、天天守着，自然格外紧张，松不开手……不管怎样，在今生我们终于重聚，终于不用分开，这也算圆满了。其他的，慢慢来吧……"

咨询结束的时候，白玲告诉我，她和丈夫打算下半年搬出来住。虽然在照顾孩子方面会有不便，但留出些距离，也能避免生活中的摩擦和不愉快，对于他们和父母关系的改善应该会有所帮助。

我不确定白玲的想法对于这个家庭而言是不是最适合，但我明白，一旦她决定做出改变，所有的境况便都会不同。家庭是最神奇的共同体，一荣俱荣。我会在这儿拭目以待，见证她的努力让一切好起来！

当然了，我们永远没有证据来证明，白玲看到的，到底是前世？还是想象？还是梦境？不过，这些于我而言都不重要，重要的是，白玲的生命状态由此不同，她对生活的领悟，与亲人的关系，以及对待自己的态度都发生了积极的改变。作为一个心理咨询师和催眠治疗师，这便是我所盼望的结局。

人这一生，似乎活在一场叫做"现实"的梦中。自以为看到的听到的便是真相，殊不知，这世间本没有真相。《六祖坛经》言："菩提般若之智，世人本自有之。只缘迷悟不同，所以有智有愚。"红尘一双眼，参得透世事无常，堪不破人间冷暖。生老病死，爱恨离愁，般般求不得，种种放不下，皆因执着于心，沉沦于自己所设的迷离苦海，这，便是愚。坐观轮回，闭目于旧年风月，安心于尘缘淡去，不痴不缠不嗔不怨，以一念慈悲，换万物峰回路转，这，便是智。

所谓迷与悟，其实从无天壤之别，勿论机缘深浅，只看，你愿不愿松开你紧握的指尖。

案例故事 10　一期一会半生缘

[题记]

（"一期一会"是一句禅语，意思是一生只有一次的缘分。）

这世间，太多虚妄，将我们牢牢禁锢的，往往不是铜墙铁壁，而是那么薄薄一层的念想。

与百合的约见是 2015 年 7 月。当时我正在南方一个小城度假，离百合居住的城市不远。她之前看过关于催眠的一些书籍和影片以及我写的文章，于是决定来找我，想要借助催眠疗法来解决她婚姻中的问题。这是我第一次在咨询室以外的地方为来访者做催眠。虽然心怀犹豫，我还是接受了她的预约，我不想她浪费时间和金钱飞来北京，理由只是我的咨询室和躺椅在那里。

案主：百合，女，32岁，结婚5年，现有一子。某公司中层主管，离职前工作压力较大，因婚姻困惑前来咨询。

事情的起因需从6年前说起。在百合初入职场时，认识了一位特别的男性朋友宋城，也是她当时的同事。两人一见钟情，却一直不敢互相坦诚，只默默地把感情藏在心底。后来，两人各自有了自己的家庭，多年来一直保持着若有若无的联系。直至最近公司组织架构变动，宋城突然调整成为百合的上级领导。工作上的紧密联系，让两个人旧日的情感再度于尘埃之下若隐若现。百合深陷矛盾中，她爱自己的家庭，但宋城好像一块磁铁不断吸引着她的心。虽然她和宋城都努力克制，装作若无其事地保持着距离，然而对丈夫和孩子的内疚感和亏欠感，对自己的怀疑和不肯定，让她越发失去平衡。几个月前，她决定辞去工作选择逃避。可是，这逃避看起来并不奏效，宋城依然盘踞在她心底。百合感到深深的失落和无力，她想知道为什么，她想知道自己该怎么办。

百合说，她想尝试"前世回溯疗法"，看看当下的困境，是不是和前世的经历有关系。

我说："百合，诚实地说，我并不知道人到底有没有前世。催眠疗法里的'前世回溯'是一项心理治疗技术的名字，它强调的是治疗效果，而并不去论证'前世'这件事情的真实性。从心理学角度，我们认为所谓的'前世景象'其实是我们潜意识的'投射'，就好像'日有所思，夜有所梦'。在催眠状态下，潜意识幻想出一个充满情节的故事，以满足我们深层的心理需求，这个故事呈现的方式，就是所谓的'前世记忆'。当心理需求得到满足，心理问题也就得以缓解，于是'前世回溯疗法'的疗效就出现了。"

百合点点头："嗯，我明白，唐老师。可我依然愿意尝试一下。您说过，我们的潜意识非常智慧，会给我们指引和启示。至于前世到底存不存在，这一点对我也并不重要，只要对我的问题有帮助，哪怕有一点点帮助，就好。"

坦白说，我并没有把握这一次的催眠，或者说仅仅一次的催眠，可以如何帮到她，或者帮到她多少。但我决定尽力一试，为从未接触过催眠的百合直接引导至"前世回溯"。能否得到想要的答案，或者能有多少收获，一切皆看缘分。因为次日我将返京，我们没有时间再预约下一次。希望一切顺利，助她达成所愿。

催眠的地点选在当地一家星级酒店的房间里，环境安静舒适，让我们双方都感到放松和舒服。我为百合做了几个简单的受暗示性测试，她表现出很好的敏感度。通常，对待这样的个案，我会依然保持警惕，因为个案高度的配合意愿极有可能让测试结果表现出敏感度良好的假象。不过没关系，时间宽裕，我们慢慢来。

我用她自己的内部情境和画面作引导，让她在缓慢的回想中逐渐放松。因为从未接受过催眠，在第一轮深化后，我决定再对她进行第二轮深化，为"前世回溯"提供足够的催眠深度作保障。这个做法有一定的风险，受术者很有可能因过度深化而直接进入睡眠状态，所以，密切观察、调整以及与受术者保持互动都是非常关键的。

两轮深化过后，在我的引导下，百合开始"回溯"。从最近的时间点，退溯到童年，退溯到母亲的子宫里，最后回到前世。整个过程非常的顺利，让我暗自欣喜。在进入前世的时候，百合突然感觉到弥漫的悲伤，眼泪就掉了下来。

"我大概十五六岁的样子，是个女孩儿。住的地方……有园林、有池塘、有亭子和走廊，好像是富贵人家的府邸。我没有爸爸妈妈……只有一个奶奶……奶奶叫我铃儿，对我很好，很慈爱。我是奶奶收养的孩子，不是我父母亲生的……我有一个丫鬟，她和我差不多年纪，对我很好。我看到我的房间……我的衣服……我的丫鬟在叫我，她催我赶快出发，还要带上面纱，怕被人发现……我不知道我们要去哪里……"

"我们骑着马，来到一个山坡上……这里非常美，到处开满了野花，我们在一棵树下停下来，好像等什么人……"

"等了很久……有一个人远远过来了，也骑着马，是一个年轻的男人。他在我们面前停住…… 他要我跟他走，马上走……"说到这，百合的眼泪决堤般地涌了出来。

我让她尝试去和这个男人对话，问他是谁，要带她去哪里。

百合一边流泪，一边说："他是我喜欢的人，他要我跟他走，去他的家乡，离开这里……"

"那你愿意跟他走吗？"我问。

"我很想跟他走……我的丫鬟也在哭，她催我快走，来不及了，一会被人发现了……但是我舍不得走，我舍不得奶奶，我要是走了，她会伤心的……"百合一直在流泪，看上去伤心极了。

"那后来呢，你跟他走了吗？"我继续问。

"没有……他走了……我很难过，我好想跟他一起走，可是我不敢……"百合哭得更是伤心。

"请你仔细地看一看那个男人，他是你这一世认识的人吗？"我尝试着引导她去探寻这段关系背后的意义。

百合停顿了一下，似乎在努力辨认。半晌，喃喃地说："是他吗？……是宋城……原来是他……"

我略微停顿了一下，留给她片刻的时间去感觉那一刻复杂的情绪。随后我把主动权交给她，去寻找那一世她想要的线索和答案。

"我要你去感觉……在那一世，时间好像滑过指缝的沙粒，飞速地流逝，请你去寻找，一个对你而言有着重要意义的时刻和场景，当你找到了，时间就会在停止下来……"我引导她离开上一个场景，向时光深处继续前行。

"……我看到自己新婚的嫁衣……我要嫁人了。但我一点都不开心，我不想嫁给一个根本不认识的人……奶奶也哭了，我出嫁以后，就没有人陪她了，她会很孤单……"

"让我们去到你婚礼的那一天，去看一看你的丈夫，好不好？"我试着征询她的意见。

"好的。我看到了……我的丈夫，他是……我这一世的老公？"百合的声音听起来有几分诧异。"他看起来很好，对我也好，可是我并不喜欢他……"

"在那一世，请你往后寻找，后来你和家人的生活怎样了？"我继续引导她。

"……奶奶不久就去世了。我们有了一个女儿……她好像……是我这一世的儿子……我的丈夫很爱我们。虽然我没有给他生下儿子，他一直对我很好，再没有其他的女人。我总是觉得愧对他。我心里还想着当年那个人，后悔自己为什么没有跟他走……"

"现在，让时间来到那一世你生命的尽头。请你去看一看，你在哪里？身边有些什么人？"我感觉她的状态似乎可以接近终点，于是给出这个问题。

"……我在……自己的家里，躺在床上……我看起来不算老，大概 50 多岁吧……我的丈夫和女儿都在身边，他们很伤心，舍不得我走……我也舍不得他们……"百合的语气缓慢而沉重，眼泪又一次掉下来。

"你有什么话想对他们说吗？你的丈夫，或者女儿？"我轻轻地问。

"我想对我的丈夫说：'对不起，这一世都没有用心对过你，真的很对不起……'他握着我的手，流着眼泪说没事，他不怪我，他感激我这些年都陪着他、照顾他……我们的女儿也长大了，我希望她以后可以嫁一个自己喜欢的人，不要像我一样，带着遗憾过了一生……"百合深深地吐出一口气，沉重而疲惫，慢慢收住了眼泪。

"对于刚才那一世，你还有什么心愿吗？可以平静离开了吗？"我最后问她。

"我还想去那个开满野花的山坡看看，还想再见到那个人……我想永远留在那里……"看得出，百合对于那一世的情缘十分留恋。

我犹豫了一下，决定先帮她结束那一世。我再次带她回到了那个她喜欢的山坡，重温她留恋的一切。唤醒的过程中，我不断暗示她，那一世已然结束，与她的今生再无瓜葛，她所看到的只是前世的景象，不会影响到今世的生活。

百合在我面前缓慢地清醒过来，眼睛哭得肿肿的。她起来照镜子，有些难为情的用纸巾擦拭花掉的妆容。我坐在一旁，静静地等她，整理好自己，整理好复杂的情绪。

在我的经验中，初次接触催眠就能感受到如此丰富的内容和生动情感的人不算多见。她的感受性比我所期待的还要好。而此刻，我的内心也正因此而隐隐不安。看到百合对前世的情缘如此眷恋，我暗自担心她将会做怎样的决定。会选择宋城再续前缘吗？那她的家庭怎么办，孩子怎么办？虽说心理咨询师应该完全尊重和接纳来访者的选择和立场，但我仍不禁为她有些担心。

"你找到想要的答案了吗？"我问她。

她点点头，说，是的。看到前世的种种，今生的疑惑也解开了。突然明白，自己当年为什么会明明眷恋着一个人，却又义无反顾地嫁给另一个人。大概是因为前世丈夫的好，让自己满怀感激和歉疚，所以今生才一定要陪伴在他身边，弥补对他的亏欠。

百合说，她觉得自己终于可以彻底地放下宋城了。前世的错过，让她毕生都活在遗憾中，太不值得。所以今生，既然又错过，就该洒脱地放手，把时间和心力放在值得的人身上，好好爱老公和孩子，让自己幸福，才对得起所有爱自己的人。

听了百合的感悟，我由衷为她感到欣喜。虽然仅仅一次的回溯非常有限，我很高兴她找到了自己想要的答案，对人生有了不同的看法和领悟。百合说，有一种如释重负的感觉。再次面对老公和孩子的时候，不会再有内疚和自责，今生还能与他们重聚已经很不容易了，一切都让她格外地珍惜。

当然了，我依然不知道，百合看到的，到底是前世？还是自己的想象？或是梦境？不过，这些于我而言都不重要，重要的是，百合的生命状态由此不同，她对生活领悟、与家人的关系、对待自己的态度都发生了积极的改变。作为一个心理咨询师和催眠治疗师，这便是我所盼望的结局。

《金刚经》言："凡所有相，皆是虚妄。若见诸相非相，则见如来。"这世间，太多虚妄，能将我们牢牢禁锢的，往往不是铜墙铁壁，而是那么薄薄的一层念想。所谓缘起缘灭，不过心灯一盏，照见生生世世前尘事，只为参悟浩浩轮回一念禅。一念执着，心火便燎原；一念堪破，放下即清明。这悟与不悟，相与非相，其实只隔着一个转身的距离。只是，你愿不愿意转过身来？

Part4

献给喜欢催眠的你

谈谈催眠、催眠治疗与"回溯"技术

✧ 关于催眠与催眠治疗

如果你是第一次接触催眠，你会对"催眠"这个词有怎样的想象？是不是用一个怀表，在眼前摇来摇去？或者，催眠师弹一下手指，这个人就倒下去了？又或者，你还在担心他倒下去以后，什么时候能醒过来？这些，都是日常影视作品带给我们的对催眠的"误解"。

其实催眠比我们想象的要普遍得多。催眠状态在我们的生活中无处不在。例如，你可能有过这样的体验：在大街上无意听到一段旋律，之后一遍遍在心里不自觉地重放；无意间闻到一种味道，让你想起一个人；在餐厅吃到一道菜，突然让你特别想家；触摸到柔软的棉布，有一种特别放松的感觉……这些，都是在不经意的状态下，在我们脑中发生的自然的催眠。

那什么是催眠呢？催眠是一种深度放松和高度专注的状态，它介于睡眠与清醒之间。在催眠状态下，个体的受暗示性提高，可更有效地吸取对自己有意义的暗示，而这些暗示所产生的效应可延续到醒来后的生活中。

我们在心理治疗中所用到的催眠与日常生活中的催眠有所不同。它是在专业催眠治疗师的引导下，将催眠状态稳定地保持在一个特定的深度水平，此时给予受术者相应的心理暗示，效果就会稳定地延续到醒来后的生活中。

那催眠治疗的原理又是什么呢？简言之，就是催眠师通过特定的语言频率和意境引导受术者进入稳定的安静脑波状态，在此状态下对心理问题进行处理，用暗示语和受术者的潜意识做沟通，从而达到心理治愈的效果。用科学解释就是：进入催眠状态后，催眠师和受术者之间特殊的单线联系，会使得受术者在生理功能和心理感受上发生积极的变化。脑内乙酰胆碱（分泌越多活动越浅缓）、多巴胺（分泌越多越振奋）、疲劳素等分泌改变，影响交感、副交感神经的平衡，从而提高人的身体器官功能；同时受术者对催眠师的指令愿意接受而且能够合作，在催眠师的帮助下改善情绪、调节压力、增强记忆、开发自身潜能、帮助身心和谐发展、帮助心身疾病痊愈。

催眠是一项古老而又充满灵气的心理疗愈技术。在古代就有很多关于催眠的记载。由于科学知识欠缺，人们只能借助自身和自然的力量来治疗某些疾病，于是有僧侣或巫师等利用念咒、祈福、神秘仪式等方法行医治病，这是催眠治疗技术的最初起源，也是催眠的神学时代。

自 18 世纪以后，催眠作为一项心理治疗技术开始逐渐被世人关注。1846 年，苏格兰著名外科医生布雷德（James Braid）开始用催眠来麻醉、镇痛。1895 年，精神分析学鼻祖弗洛伊德出版代表作《癔症研究》当中详细记载了用催眠术治疗精神疾病的过程。近代以来，以美国耶鲁大学医学博士布莱恩·魏斯的《前世今生》四册书为代表的催眠治疗类著作，详细记载了大量案例，经由催眠治疗帮助患者恢复了身心健康。

此外，在催眠治疗界被传为美谈的还有 20 世纪最杰出的催眠治疗大师艾瑞克森的故事。艾瑞克森曾经在 17 岁时患上脊髓灰质炎（俗称小儿麻痹症），全身瘫痪，除说话和眼动外不能做任何事情。医生断言他活不过三天，即使侥幸存活，也会终生瘫痪无法站立。但艾瑞克森没有放弃努力，他用自我催眠的方法尝试肢体技能的自我修复。数年后，他不仅站了起来，还在一个夏天，带着独木舟、干粮和露营装备，畅游了一次密西西比河。

其实，催眠在我们的社会生活中有着非常广泛的用途。例如：

心理治疗：各种压力、焦虑、失眠、烦躁、抑郁、人际关系困扰等；

促进疾病康复：帮助激活人体自身的免疫力，促进各类疾病更好康复；

潜能开发：记忆力和专注力增强，提升工作效率、自信和个人魅力，提升创造力与灵感，情绪和压力管理，体重管理，消除不良习惯等；

其他用途：刑事侦查（回忆案发现场），医疗（提升免疫力，促疾病康复），教育（提升学习效率，优化教养方式），商业（催眠式销售）。

说到这里，你可能还会问："催眠会不会像电影中那样，让人失去自主意识、受控于催眠师？"。放心，不会。因为，所有的催眠都是"自我催眠"。受术者可以在催眠的任何一个环节随时睁开眼睛清醒过来。也就是说，催眠不会让人进入失去意识的状态，所以完全不需要恐惧和担心。事实上，催眠的效果很大程度上取决于来访者被催眠的能力，而不是催眠师的能力。业内有一句话说："世上没有最好的催眠师，只有最灵活的催眠师"。作为催眠治疗师，在为来访者做催眠的时候，比催眠本身更重要的是灵活的运用各种资源和技巧，教会来访者如何被催眠、如何催眠自己。

◇ 关于"回溯"技术

"回溯"技术大概分为两个部分：一个是"年龄回溯"，一个是"前世回溯"。

首先，我们来看"年龄回溯"：

"年龄回溯"是传统的心理治疗技术之一。精神分析学大师弗洛伊德认为：在我们但潜意识里，埋藏着许多创伤，正是这些创伤，引起了我们的心理痛苦。为了回避痛苦，我们的潜意识会保护我们，让我们遗忘掉这些创伤。久而久之，我们就只留下心理症状，如焦虑、抑郁、不安、愤怒等，而想不起来引起这些症状的具体原因，进而形成了心理问题。

在心理咨询和治疗中，找到问题发生的心理根源是解决问题的第一步。有一部分来访者，可以意识到自己问题的根源。但另一部分来访者做不到。潜意识的遗忘机制严密保护了他们。所以，在咨询室，咨询师常常需要通过各种治疗方法，引导和帮助来访者，寻找症状的根源。催眠中的"年龄回溯"技术，就是我们常用的方法之一。

弗洛伊德在他的《癔症研究》一书中，详细记载了通过"回溯"技术辅助治疗精神疾病的过程。他提到一位来访者叫做埃米·冯·N夫人，案例跟踪了4年。通过"年龄回溯"，弗洛伊德帮她找到了童年心理创伤的根源，在催眠状态下给予了暗示治疗。这是精神分析大师的治疗案例。

在我的心理咨询工作中，也有很多类似的"年龄回溯案例"。比如，本书中提到的故事《走出童年，走向远方》《我不爱异性，请给我祝福》《人生若只如初见》等。

接下来，我们看"回溯"里的另一个技术——"前世回溯"。

我第一次接触到"前世回溯疗愈法"是通过布莱恩·魏斯博士的书《前世今生》。布莱恩·魏斯（BRIAN L. WEISS, M.D.），美国耶鲁大学医学博士，耶鲁大学精神科主治医师，心理治疗师。他在书中记载了他的女性患者——27 岁的凯瑟琳莫名焦虑、恐惧，生活一团糟。魏斯花了 18 个月做传统心理治疗，想减轻凯瑟琳的症状，但一无所获。于是他尝试用催眠的"前世回溯疗法"。在催眠治疗状态下，凯瑟琳回忆起引发她症状的 81 个前世的记忆。在这之后，凯瑟琳所有的症状都好了。当我看完这本书，觉得很受触动，于是在后来自己的催眠治疗中，也开始尝试使用这种技术。

事实上，有好几种不同的观点试图解释所谓的"前世"，以下陈列出来供大家参考：

从心理学角度，我们认为所谓的"前世景象"其实是我们潜意识的"投射"，就好像"日有所思，夜有所梦"。在催眠状态下，潜意识幻想出一个充满情节的故事，以满足我们深层的心理需求，这个故事呈现的方式，就是所谓的"前世记忆"。当心理需求得到满足，心理问题也就得以缓解，于是"前世回溯疗法"的疗效就出现了。

在 WMECA 催眠治疗师的培训教材里，这样解释"前世回溯疗愈法"："对于被压抑或封存已久的情绪问题，有时要花上很长时间才能找到问题点，或者是问题根源，除非是有经验的催眠师，否则随意打开被压抑的记忆反而会造成个案的二度伤害……"前世回溯疗愈法"是绕过伤害的方法，催眠师通常会很技巧地将问题从前世的问题中呈现，个案从中觉醒得以解决压抑的问题。这个方法绕过造成当下的伤害，解决问题的同时，不至于招来再度伤害。"这个解释，也是我个人比较喜欢的观点。

从生物学角度来看，物种的代际传承可能包括很多方面。不仅是身体特征的遗传，很有可能记忆也是随之遗传的。根据达尔文《进化论》"用进废退"原则，人类在数百万年的进化中，皮毛退化掉了，尾巴退化掉了，牙齿和指甲的功能都有退化，但大脑却没有退化，相反，脑容量还在不断增加。与此同时，现代科学研究表明，人类对大脑的使用率不足20%，那么，剩下的80%为什么没有退化？很有可能，人类物种的记忆其实是随遗传保留在大脑里的，在催眠状态下被偶然激活，于是，成为我们口中的"前世记忆"。当然，这只是一种猜想，没有实质证据。

从宗教学说的角度来看，在一些宗教中，认为"前世"和

"灵魂"是真实存在的。死亡带走的只是肉身，而灵魂不灭，不断轮回。在我们来到这个身体之前，会拥有许许多多次生命，关于那些生命的记忆就形成了我们的"前世记忆"。在催眠状态或特殊的宗教仪式下，"前世记忆"可以被唤醒，再度被回忆起来，并给我们今生带来智慧的启示。

作为一个心理治疗师，我个人没有宗教信仰，对于所谓"前世"是否存在这个问题，不持任何观点。但我认可"前世回溯"作为一个心理疗法——它的疗效以及它带给来访者的治疗意义。据我从临床观察来看，它的确是一种对于部分来访者效果显著的心理治疗手段。

大家如果对"前世回溯疗愈法"感兴趣，可以参考我的案例故事《一世功名一盏茶》《三生三世遇见你》《九世轮回的启示》等。

以上，是对于催眠和催眠疗法的简单介绍。想要亲身体验的读者朋友，可以参见附录里我的三个催眠脚本，尝试在安静的环境下自己朗读、录音，或者请朋友在身边代为朗读，为自己做催眠。

当然，也欢迎收听我在喜马拉雅线上平台"唐婧的心灵疗愈馆"，里边有我的催眠引导音频和催眠故事。愿我的声音穿越时空，陪伴你、温暖你。

催眠脚本使用说明

以下这几个催眠疗愈脚本，可以帮助你放下内心的烦恼，疏解身体的紧张，给你一片宁静的空间，让心灵得以舒展，身心得以在平静中自我疗愈。

你可以自己轻声读出来，配以轻柔的背景音乐，录下来放给自己听。也可以请一位你非常信任的同伴帮忙，在耳边读给你听。读的时候不要着急，语气和节奏应轻柔而舒缓，让你有足够的时间对指示做出反应。

你可以抱着正面、乐观、积极的心态，不用担心、害怕，或者猜疑。这些催眠引导语都是安全的、愉悦的、健康的，你可尽情的享受身心的放松与疗愈。

但请注意：不要在开车时播放录音，以免对安全驾驶产生干扰。

开始之前，找一个安静且不受打扰的时段，在你舒服的床上躺下来，或者靠在柔软的沙发上，脱掉鞋子或者松开鞋带，解开紧身衣物，摘下束缚你的项链、发卡、手表、眼镜等物品，让自己完全地放松。确保周遭的光线和声音是让你舒服的，背景音乐的声音不要太大。还有，一定记得关闭手机铃声。

把你的注意力完完全全集中在引导者的声音上，让脑海中所有的画面、感觉、声音、想法全都自由地流动，让自己沉浸在美妙的冥想画面中，仿佛身临其境，无论那些想象是否真实，你感觉好就可以了。但是，如果你无法想象出那些美丽的画面，不用担心，只尽可能的去感受内心的平静与放松，当催眠结束时，你仍可以得到疗愈，感受到身心愉悦的舒适。

记得常常练习哦。随着练习的增加，你的催眠敏感度也会随之提高，你在催眠状态下感受到的细节会更加生动和丰富，将带给你愈加美好的体验，与之一致，身心疗愈的效果也会不断提升。

备注：绝大多数人会在此催眠或冥想的过程中获得轻松愉悦的疗愈体验。但万一你感受到与引导语所描述的情境不相符（或相反）的情绪，比如伤心、焦虑，或者紧张，也许你该向心理咨询师或心理科医生寻求帮助，以解决更深层次的问题。

关于"前世回溯"：

首先你需要明白的一点是：尽管每个人都可以被催眠，但并非每个人都可以实现"前世回溯"。

"前世回溯"需要在理想的催眠深度下进行，且需要受术者拥有良好的画面想象和建构能力。根据相关资料，在人群中，约40%的人可以满足上述要求。"前世回溯疗法"是催眠中的高级技术，它的成功实施有两项必不可少的条件：1.受术者有着非常好的催眠敏感度；2.催眠治疗师拥有专业的引导和丰富的经验。

这二者缺一不可。所以，专业的"前世回溯疗法"应在有经验的心理咨询师和催眠治疗师的帮助下完成。

此书中提供的"催眠回溯"脚本可用于冥想练习和自我探索，但不建议作为治疗脚本使用。

鉴于人的催眠敏感度不同，也许有的人可以感受到丰富的画面，而有的人却无法做到。建议你抱着轻松随意的心情练习，不必强求。

不管有没有感受到期待中的画面，这一段催眠冥想对于你都有着积极的疗愈意义。

哪些人不适合接受催眠：

◇ 患有神经系统疾病者

◇ 精神病患者，或有精神病家族遗传史者

◇ 理解与言语表达能力有障碍者

◇ 脑部受到严重创伤、损坏者

◇ 对催眠秉持不信任态度或偏见者

◇ 智商低于 70 分者

　　好了，以上就是我们在催眠之前需要了解的内容。接下来，让我们一起进入美妙的催眠世界。

催眠脚本 1：睡眠深度修复

请你轻轻地闭上你的眼睛，去感受这周遭的一切。

房间温暖的光线，轻柔的音乐声，还有此刻，你坐着的这张柔软的沙发．一切的一切都让你感觉到放松和舒服。

把你的注意力完完全全的集中在我的声音上，跟随着我，去感受你内心的平静与安宁。

等一下，我要请你发挥你最大的想象力。在你的脑海之中去看到这样一副画面：这是一次奇妙的极地旅行。你有幸乘坐一搜巨大的勘探船来到了美丽的南极。这是一片白雪茫茫的纯净世界。天空的颜色是透彻的湛蓝，一望无际。你看见银白色高耸壮阔的冰川，在你面前延绵起伏。白色的海豚和鲸鱼，在浩瀚的一望无际的海面下，自由地穿行。有白色的海鸥，在海面上成群地飞过，发出一阵阵快乐的叫声。当你看到这幅画面，你整个人都在放松了。你穿着厚厚的防寒服，整个人温暖而舒适。你是安全的，我就在这轻轻地陪伴着你。

等一下，我会从1数到20，当我数到20的时候，你就会来到这幅美丽的画面之中，在这银白色的纯净世界里，感受到深深地放松和舒缓，得到整个身心的修复与疗愈。

1……去感受这一切，你是安全的，我就在这保护着你。

2……3……在这美丽纯净的大地上，一切都是那样的安静与和谐，万物一片生机。你看见白色的小海豹们在冰面上晒着太阳、开心地玩耍，成群的企鹅摇摆着胖乎乎的身体跳入大海中嬉戏。当你看到它们，你整个人都在放松了……非常舒服，非常放松。

4……5……6……完完全全放松了……

7……8……就在这美丽洁白的大地上，空气是那样的清新，视野一望无际的辽阔，让你的内心也仿佛得到了净化，那样的平静……那样的安宁……

9……去感觉这一切……

10……11……更深……更深……

12……更放松……

13……完完全全地放松了……

14……去感受这一刻，你内心的平静，和淡淡的喜悦……

15……16……17……当你的双脚踏在这美丽的南极大地上，你感觉到脚下松软的积雪，那样深，那样的纯净，非常非常舒服，你整个人都在放松了……

18……更深……更放松……

19……每一块肌肉，每一寸皮肤，每一个细胞……完完全全地放松了……

20……现在，你已经进入了深深地催眠状态之中，那样的舒适、平静和放松。

你在松软的雪地里行走着。那样的舒适，那样的放松。你们到达了驻扎好的营地。简洁而结实的小屋里，暖气十足，舒适而温暖，一切都是你所喜欢的样子。几只可爱的雪橇犬在营地外边开心地玩耍。你走进屋内，感觉到非常舒适和放松。一切都是你所喜欢的样子。

白天很快过去，南极美丽的夜晚降临了。你在小屋内点亮了橙黄色的灯光，远远望过去，一派温馨。

美丽的夜空，深邃而纯净，像一块透明的深蓝色水晶。星星像璀璨的钻石，镶嵌在巨大的天幕里。你感觉到，自己和宇宙，从未像现在这样，真实的接近。好像，你也是宇宙中一颗小小的星球，漂浮在茫茫天幕里，璀璨而安静。去感觉这一刻，你内心的平静和淡淡的喜悦。

不知什么时候，南极的地平面上，开始泛起大片的极光。它们像星星汇聚而成的潮水，又像人间烟花绚烂的新年之夜，把不可思议的彩色光芒，从茫茫的天河中，迎接到洁白的大地上。你好像来到了光影绚烂的童话世界，伴随着美妙的旋律，感受着这梦幻般的流光溢彩。

你躺在温暖的营地里，裹着温暖的睡袋。透过透明的天窗，沐浴在美丽的极光里。好像漂浮在茫茫星辰大海，那样的舒缓和放松，完完全全地放松了，那样安全，像婴儿躺在妈妈温暖的子宫里，舒适地睡着。你已经睡着了。那样的安心，那样的舒适，那样的放松与温暖。沐浴着天地间最美丽缤纷的流光溢彩，就这样，安静的，进入梦乡……非常非常舒服……你已经睡着了……非常非常舒服……记住这一刻，记住这种感觉……

从现在开始，每当你在床上躺下来，准备睡觉的时候，你就会想起这种舒服的感觉，你会美美地睡上一觉，让身体得到充分的休息。当你醒来的时候，你会头脑清醒，心情愉悦，浑身充满了活力。

带着这种轻松舒服的感觉美美地睡上一觉吧……当你醒来的时候，你就会觉得头脑清醒，心情愉悦，浑身充满了活力。

催眠脚本 2：身心的全面疗愈

请你轻轻地闭上你的眼睛，去感受这周遭的一切。

房间温暖的光线，轻柔的音乐声，还有此刻，你坐的这张柔软的沙发。一切的一切都让你感觉到放松和舒服。

把你的注意力完完全全的集中在我的声音上，跟随着我，去感受你内心的平静与安宁。

等一下，我要请你发挥你最大的想象力。在你的脑海中去看到这样一副画面：这是沙漠中一片美丽的戈壁滩，有一种苍茫、悠远而静谧的美感。你乘坐一匹高大的骆驼漫步其间，一路走着，驼铃发出叮叮咚咚的声音，像是欢快的乐曲，当你听到这些驼铃声，整个人都感到非常愉悦和放松。在你前方大约 500 米的位置，有一片美丽的绿洲，现在你即将要抵达那里，在那里得到充分的放松和舒适的休息。

等一下，我会从 1 数到 20，当我数到 20 的时候，你就会来到这幅美丽的画面中，在这片绿意葱茏的沙漠绿洲里，得到整个身心的修复与疗愈。

1……去感受这一切，你是安全的，我就在这保护着你。

2……3……你身后是一望无际的沙漠，像银白色的潮水，蜿蜒出沙丘柔和的曲线。清晨，初升的太阳温暖橙黄，像一枚大大的橙子高高的挂在天空上。温度刚刚得好，空气微微清凉和干燥，让你觉得非常舒服。迎面吹来的清晨的微风，带来绿洲中草木清新的味道，当你闻到它们，你整个人都在放松了……

4……5……6……完完全全放松了……

7……8……去感觉这一切，天空高远而湛蓝，像一块透明的水晶。有雄鹰从你头顶的天空飞过，发出阵阵鸣叫声，天地更加显得广袤和辽阔。当你看到它们自由地飞向远方，你的内心也感受到同样的快乐和自由，这一刻，你就和自己在一起，那样的平静……那样的安宁……

9……去感觉这一切……

10……11……更深……更深……

12……骆驼带着你，不断地接近这绿洲，越来越近，越来越近了……

13……你可以清晰地看到那美丽的绿洲，枝叶繁茂的植物，听到灌木丛中鸟儿的歌唱，还有潺潺流水的声音，一切都是那样的愉悦，那样的放松……完完全全地放松了……

14……去感受这一刻，你内心的平静和淡淡的喜悦……

15……16……17……越来越近，越来越近，越是接近绿洲，你就越觉得舒服和放松……

18……更深……更放松……

19……每一块肌肉，每一寸皮肤，每一个细胞……完完全全地放松了……

20……现在，你已经进入了深深的催眠状态之中，那样的舒适、平静和放松。

你已经来到了这片美丽的沙漠绿洲中。你看见茁壮生长的高大的仙人掌，顶端开满了美丽的花朵，高大的胡杨树生长得茂密而葱茏。在你面前，有一个美丽的湖泊，碧蓝透明的水源正源源不断地从岩石间涌出，流进湖泊里。湖泊的颜色非常美丽，像天空一样蓝，好像天空融化了一块在水里。你知道，这是一种独特的净化水源，它从沙漠底部渗出，经过厚达几十米的砂石，层层过滤和净化，非常干净、透彻晶莹，经由数百年的岁月沉淀，富含珍稀的矿物质，可以净化人的血液和脏器，将身体里多余的脂肪、毒素、重金属、生物垃圾统统净化掉。

你俯下身来，喝了一口湖水，水清凉而甘甜，在你的口中慢慢地蔓延开来，这种感觉非常舒服。你又喝了一口水，感觉神奇的疗愈开始在你体内发生。你的血液得到了净化，变得轻盈、干净、充满活力。你的血管变得通畅、柔软、富有弹性。你身体里多余的脂肪、毒素、重金属、生物垃圾都被分解成非常细小的分子，经由你身体的每一个毛孔一一排出体外，你感觉到浑身前所未有的健康和通畅。

去感觉这一切。感觉这种疗愈真实地发生。你的心脏在胸腔里有力地跳动着，你的肺部也得到了净化，变成了健康的粉红色，充满活力。你的肝脏充满健康的血液，那样的红润和光泽饱满。你的新陈代谢速率显著提升，血液在血管里轻快舒畅地流动，饱含养分，滋养着身体里每一个脏器。你的眼睛更加明亮、皮肤光洁剔透、体态轻盈、整个人精神饱满、充满着活力。

请在你内心记住这个地方，这个美丽的沙漠绿洲，还有拥有着神奇净化能力的湖泊。从今以后，任何情境下，当你想要再次经历这种感觉，你就可以再次回到这里，再次经历这神奇的疗愈和净化。

等一下，我会从 5 数到 1，当我数到 1 的时候，你就会带着轻松愉悦的心情从催眠状态中清醒过来。醒来以后，你会觉得头脑清晰、心情愉悦、浑身充满了健康与活力。

5……开始慢慢、慢慢地清醒过来……

4……下一次催眠，你会进入更深更放松的催眠状态，将会感受到更多更丰富的细节……

3……慢慢的，你将要清醒过来了……

2……尝试唤醒你的身体，试着轻轻活动一下你的双手和双脚。

1……带着轻松愉悦的心情，完完全全地清醒过来，醒来以后你会觉得头脑清晰、心情愉悦、浑身充满了健康与活力。

催眠脚本 3："前世回溯"的冥想

请你轻轻地闭上眼睛，去感受这周遭的一切。

房间温暖的光线，轻柔的音乐声，还有此刻，你躺的这张柔软的床（或沙发）。一切的一切都让你感觉到放松和舒服。

把你的注意力完完全全地集中在我的声音上，跟随我，去感受你内心的平静与安宁。

让自己完完全全地放松，用最舒服的方式去呼吸……去想象每一次吸气，你吸入的都是最纯净最滋养的氧气。而每一次呼气，都帮助你把身体里的浑浊和毒素排出体外。在这一呼一吸之间，你整个人都放松了。非常非常舒服，非常非常放松……

你的头顶、你的头皮、你的每一根头发都在放松了……还有你的脸部……你的额头、眉毛，你的眼睛、鼻子，你的嘴还有下巴，都在……放松了……非常非常舒服……去感受这种感觉，去感受我说的放松。

你的脖子也开始放松了，脖子前面和后面的肌肉，非常放松，非常舒服……让这放松的感觉延伸到你的肩膀…… 每一寸肌肤，每一块肌肉，每一根纤维都在完完全全地放松了……你的两个手臂：上臂，手肘关节，下臂都在完完全全地放松了……你的手腕，你的手心，手背，每一个手指都在放松……非常舒服……每一根纤维，每一块肌肉，每一根神经，每一块骨骼都在……放松了……

感觉自己深沉而平稳地呼吸。空气中最滋养的氧气经由你的鼻端，进入到你的肺部，再经由你的血液输送到身体的各个器官，把最新鲜的活力、最滋养的养分送到你身体的每一个部分。去感受这一切……你的肺部干净而健康，你的心脏平稳有力的跳动，你的胃部、你的肝脏、你的肠道……你所有的内脏器官都在完完全全地放松了，去感受它们的健康和安宁……你胸部的肌肉、腹部的肌肉、腰部的肌肉和背部的肌肉也在完完全全地放松了……每一块肌肉、每一根纤维、每一寸肌肤、每一个细胞……都在完完全全地放松……

……去感受这一刻，你内心的平静……非常非常舒适……

……让那放松的感觉延伸到你的腿部：你的大腿、你的膝盖、你的小腿、你的脚踝、脚背、脚掌、每一个脚趾都在完完全全的放松了……非常舒服，非常轻松……你开始进入到更深，更放松的催眠状态中，去感受这一切……完完全全地放松了。

这种放松的感觉，就像是你赤裸着双脚，轻轻地漫步在松软的草地上。柔嫩的青草，触摸着你的脚心，那样放松，那样自由的感觉……清晨的阳光温暖地照射下来，整片草地都铺上了一层淡淡的金色，有零星的野花点缀在碧绿的青草中间，看上去可爱极了，当你看见它们，整个人都完完全全地放松了。你轻轻地向前走过去，越走你就越放松，越走你就越轻松……

在离你不远的地方，有一座宏伟的建筑，它看起来好像一座宫殿，又像是一座美丽的庙宇，它周身都用洁白的大理石堆砌起来，像冰雪一样晶莹透明。原来，那是一个充满疗愈能量的神奇的宫殿……你带着淡淡愉悦的心情走过去，你是安全的，我就在这轻轻地保护着你。

等一下，我会从 1 数到 10，当我数到 10 的时候，你就会来到这座美丽的疗愈宫殿中，得到整个身心的修复与疗愈。

1……慢慢地向前走去，你是安全的，我就在这保护着你……

2……3……更深更放松……

4……5……6……越走你就越轻松，越走你就越放松……

7……8……更平静……更安宁……

9……就快到了……去感觉这一切……

10……现在，你已经来到宫殿的正中央……

这是一座非常美丽的宫殿。它周身都用洁白的大理石堆砌起来，像冰雪一样晶莹透明。有三块巨大的疗愈水晶出现在你面前，它们分别是绿色的、黄色的和紫色的，那形状正是你喜欢的样子。此刻，你正站在它们中间。等到你的出现，这三块水晶开始发出耀眼的疗愈光芒，轻轻地向你汇聚过来。

绿色的水晶发出绿色的光芒，它代表着修复和治愈的能量，这绿色的光芒从你的头顶贯穿下来，经由你的脊椎蔓延到你的四肢，到达你身体的每一个部分。从头到脚，疗愈着你的每一个器官、每一处组织和每一个细胞，去感觉平静、爱和淡淡的喜悦在你的周身缓缓蔓延开。

黄色的水晶发出金色的光芒，就好像是太阳的光辉一般，轻轻将你包裹起来，它代表着保护与安全。金色的光芒结成保护罩，就像是一个美丽透明的大泡泡，将你保护其中，让疗愈的感觉更加深入，隔绝掉外界所有你不喜欢的因素。

紫色的水晶发出耀眼的紫色光芒，它代表着智慧与滋养。当紫色的光线照耀在你的头顶，你感觉到你的脑部微微清凉却非常舒服。你的脑部得到了深深的滋养，自己的思维更加敏捷，头脑更加灵活，记忆力得到了前所未有的增强……你似乎可以回忆起任何的事情……去感觉这种愉悦与疗愈……去感觉此刻，你的记忆开始活跃起来……有些许过往的画面，轻轻地浮现出来，又一闪而过……这代表着你心灵最深处的记忆之门已经敞开……你可以想起任何的事情，你潜意识的能力开始超越你的身体……

如果任何记忆、画面或者体验让你觉得不舒服，请你想象自己飘浮起来，停留在半空中，保持距离地观察一切，就像在看一场电影。如果仍然感到困扰，你可以随时睁开眼睛，回复到清醒状态。如果一切都好，请你继续停留在刚才的记忆与画面里，这种感觉让你非常放松与舒适。你是安全的，黄色水晶所创造出来的保护罩将全程保护你，非常安全。

　　紫色水晶发出的疗愈光芒不断滋养着你的大脑，你的记忆力越来越敏锐……你似乎可以回忆起任何的事情，包括在你生命早期的记忆，甚至更为久远的记忆。是的，你有这样的能力。

　　等一下，就让我们回溯时光，来验证你卓越的回想能力。我会从5数到1，当我数到1的时候，你就会来到你最近一次愉快的外出游玩的体验，在你的记忆深处去寻找它，最近一次愉快的外出游玩的体验……

　　5……回到那一刻……

　　4……你可以回想起任何的事情……

　　3……所有的细节……

　　2……去寻找它……

　　1……完完全全地……来到这一刻……

　　现在，你已经回到了这一刻。所有的场景、所有的细节由模糊渐渐变得清晰，更清晰……

　　去感受这一刻……你在哪里？……和谁在一起？……你们在做些什么？……周围有些什么景物？……去感受这一切……

　　当然了，你还可以想起更多。比如，你少年时代一次愉悦的外出游玩的体验……在你的记忆深处去寻找它。等一下，我会从

5 数到 1，当我数到 1 的时候，你就会来到你少年时代的一次愉悦的外出游玩体验。

记住，如果有任何不适，你可以想象自己飘浮起来，停留在半空中，保持距离去观察一切，就像在看一场电影。如果仍感到困扰，你可以随时睁开眼睛，回复到清醒的状态。

5……在你的记忆深处去寻找那一刻……

4……你可以回想起任何的事情……

3……所有的细节……

2……去寻找它……

1……完完全全地……来到这一刻……

现在，你已经回到了这一刻。所有的场景、所有的细节由模糊渐渐变得清晰，更清晰……

你在哪里？……和谁在一起？……你们在做些什么？……周围有些什么景物？……你有怎样的感受……非常好，就是这样……

你回想的能力正在变得越来越强，你的记忆力更加敏锐。当然，你可以回想起更早的事情。比如，你童年时候的一次愉悦经历。等一下，我会从 5 数到 1，当我数到 1 的时候，你就会来到你童年时候的一次愉悦经历。

　　5……在你的记忆深处去寻找它……

　　4……童年时候的一次愉悦的经历……

　　3……你可以回想起任何的事情……

　　2……所有的细节……

　　1……完完全全地……来到这一刻……

　　现在，你已经回到了这一刻。所有的场景、所有的细节由模糊渐渐变得清晰，更清晰……

　　去感受这一刻……你在哪里？……和谁在一起？……你们在做些什么？……周围有些什么景物？……去感受这一切……

　　当然了，你可以做得更好。比如，回想起在妈妈肚子里的感觉。等一下，我会从5数到1，当我数到1的时候，你就回到妈妈肚子里，去感受生命最初的记忆。

　　5……在你的记忆深处去寻找它……

　　4……用你所有的感官，你的视觉、听觉、味觉、嗅觉、触觉，去回想它……

　　3……你生命最初的记忆……

　　2……所有的细节……

1……现在，你已经来到了这一刻，回到了妈妈肚子里……

所有的细节，由模糊渐渐变得清晰，更清晰……

集中注意力，去感受你此刻的状态……你的感觉，所有的声音、光线、温度、你此刻的情绪……这是你这一世生命开始的地方，这是妈妈的子宫里。

请你向前方看过去……那里有一束明亮的光线照射进来。你靠近一看，原来那是一条时光的走廊，其中光影幻化，时空不断流转。你知道，在这走廊的另一端就是你前世的记忆，在那里，有着你今生问题的答案，以及对你生命意义的启示。去寻找它……你是安全的，黄色水晶所创造出来的保护罩将全程保护你，你非常安全。

等一下，我会从5数到1，当我数到1的时候，你就会穿过这条走廊，来到你前世的记忆。在那里，寻找你想要的答案。

5……迈开脚步，走进这时光的走廊里……

4……去感觉你周遭光影的变化，时空的流转，不断有细碎的片段闪过，又迅速消失……

3……去寻找它，你这一世想要的答案……

2……已经接近了，你前世的记忆……

1……现在，你已经来到了这一刻。来到了你的前世……

所有的场景、所有的细节由模糊渐渐变得清晰，更清晰，更加更加的清晰……等一下，我会从5数到1，当我数到1的时候，我要你发挥最大的想象力，去想象自己真真切切的生活在这里。

5……发挥你最大的想象……

4……去感受这一切……

3……2……1……现在，你已经完完全全地来到了你的前世……

看一看周遭的景物，它们看起来是怎样的？……看看自己的身体，是什么样的？你是否穿着衣服，衣服是什么样子的？你脚上的鞋子是什么样子的？你的头发是什么颜色的，是长的还是短的？

你是否知道这是什么地方？你是否知道你是谁？在做什么？……

现在，在这一世里，我把时间的控制权交给你，你可以随意在时光中前进或者倒退。请你去寻找这一世中对于你有着重要意义的时刻，或者重要的人，或者事情。

去寻找它们……你看见了吗？……有什么样的事情发生？

你是否遇见了什么人？……仔细去辨认他们……他们是你今生的生活中认识的人吗？……

你可以随意控制时间，去寻找那一世其他的重要时刻，或者事件。去感受他们……都发生了些什么？

时光像钟表上的指针，开始飞速地旋转，飞速地旋转……在那一世当中，你的生命已经来到了尽头。你看见自己处于临终时刻……去体验这一刻……你在哪里？你身边还有谁？……你是否有什么话想要对某人说？……你是否有什么心愿还想达成？……你是否有什么样的话想要对自己说？……

……你在那一世的生命即将结束，好像风中摇曳的蜡烛，被一阵风轻轻地熄灭。你感觉自己慢慢地飘浮起来，离开那一具身体，远远地望着下边的一切。

那只是你曾经历过的一个世代，它已经结束了……那些发生过的事情已经过去，它们不会干扰到你今生已有的生活……

但你可以去回顾刚才那一世，有什么样对生命的感悟？或者，有什么样的意义或者反思？这些想法，与你今生的生活有什么样的关联？

你发现，自己再一次来到刚才那个时光走廊入口。等一下，我会从 5 数到 1，当我数到 1 的时候，你就会穿过这个时光走廊，回到之前那个白色大理石做成的疗愈宫殿里。

5……再次走进这个时光的走廊……

4……它可以通向任何的地方，它会带着你回到那个白色大理石的疗愈宫殿里……

3……往回走，往回走……过去的那个世代已经结束了……那些发生过的事已经过去，它们不会干扰到你今生的生活……

2……往回走……越来越接近那个疗愈的宫殿……

1……现在，你已经回到了那个白色大理石的疗愈宫殿里……

再一次站到三块疗愈水晶的中间，再一次接受来自水晶能量的滋养与疗愈。

等一下，我会从 10 数到 1，当我数到 1 的时候，你就会带着轻松愉悦的心情从催眠状态中清醒过来。醒来以后，你会觉得头脑清晰、心情愉悦、浑身充满了健康与活力。

10……9……8……7……开始慢慢、慢慢地清醒过来……

6……5……下一次催眠，你会进入更深更放松的催眠状态，将会感受到更多更丰富的细节……

4……3……慢慢的，你将要清醒过来了……

2……尝试唤醒你的身体，试着轻轻活动一下你的双手和双脚。

1……带着轻松愉悦的心情，完完全全地清醒过来，醒来以后你会觉得头脑清晰、心情愉悦、浑身充满了健康与活力。